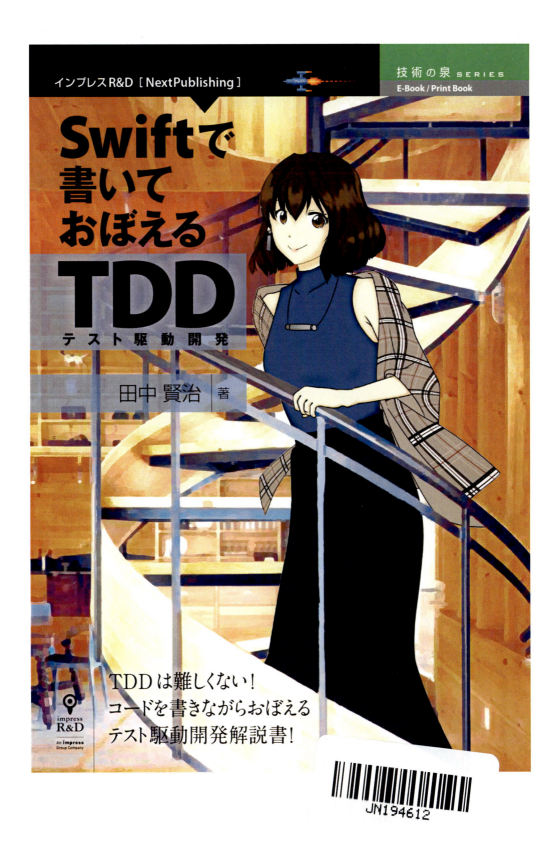

目次

はじめに ……………………………………………………………………………… 4

対象読者 ……………………………………………………………………………… 5

取り扱う内容 ………………………………………………………………………… 5

取り扱わない内容 …………………………………………………………………… 5

本書出版の経緯 ……………………………………………………………………… 5

同人版からの修正点 ………………………………………………………………… 5

商業版での追記箇所 ………………………………………………………………… 6
  「2.9.2 フラッシュの判定」 ………………………………………………………… 6
  「3.2.2 モックが簡単に自動生成されることの功罪」 …………………………… 6

謝辞 …………………………………………………………………………………… 6
  @orga_chem(kuniwak) さん …………………………………………………………… 6

表記関係について …………………………………………………………………… 6

免責事項 ……………………………………………………………………………… 6

底本について ………………………………………………………………………… 6

第1章 TDDとは ………………………………………………………………… 7

1.1 TDDのメリット ……………………………………………………………… 7
  1.1.1 メンテナンスがしやすい ………………………………………………… 7
  1.1.2 デバッグにかける時間を減らせる ……………………………………… 8
  1.1.3 素早い設計判断、設計改善を行える …………………………………… 8

1.2 TDDのデメリット …………………………………………………………… 8
  1.2.1 銀の弾丸ではない ………………………………………………………… 8
  1.2.2 仕様変更が生じた時は、テストのメンテナンスも発生する ………… 8
  1.2.3 ビルド時間がテストファーストの負荷を上げる ……………………… 8

1.3 レッド/グリーン/リファクタリング ……………………………………… 9
  1.3.1 レッド ……………………………………………………………………… 9
  1.3.2 グリーン …………………………………………………………………… 9
  1.3.3 リファクタリング ………………………………………………………… 10

1.4 チームの理解を得よう ……………………………………………………… 10
  1.4.1 TDDは個人の開発スタイル ……………………………………………… 10
  1.4.2 メンバー間でリスクとコストの認識を一致させる …………………… 10

第2章 書いておぼえるTDD …………………………………………………… 12

2.1 本章の開発環境 ……………………………………………………………… 13

2.2 サンプルプロジェクトのリポジトリ ……………………………………… 13

2.3 演習問題 ……………………………………………………………………… 13

2.4 ポーカーの言葉の整理 ……………………………………………………… 13

2.5 トランプの言葉の整理 ……………………………………………………… 13

2.6 カードの文字列表記（インスタンスの生成）··14
    2.6.1 実装したいことをTODOリストに書き起こす ···15
    2.6.2 レッド ···16
    2.6.3 グリーン ···18
    2.6.4 テストケースから設計を考える ···20
    2.6.5 リファクタリング ···21
    2.6.6 この節のまとめ ···22

2.7 カードの文字列表記（文字列表記の取得）··24
    2.7.1 仮実装 ···25
    2.7.2 三角測量 ···26
    2.7.3 明白な実装 ···28
    2.7.4 不要なテストを削除する（テストのリファクタリング）··································30
    2.7.5 この節のまとめ ···31

2.8 カードの比較··33
    2.8.1 Suitの比較 ···34
    2.8.2 Rankの比較 ··36
    2.8.3 CardにEquatableを準拠させる ···37
    2.8.4 この節のまとめ ···40

2.9 ツーカードポーカーの役を判定（ペア、フラッシュ、ハイカード）·······················43
    2.9.1 ペアを判定する ···44
    2.9.2 フラッシュを判定する ···47
    2.9.3 ここから先は宿題です！···48
    2.9.4 この節のまとめ ···49

2.10 この章のまとめ ··53

第3章　2018年現在のSwiftでのTDD開発···54

3.1 ビルドが遅い問題··54
    3.1.1 解決策 ···54
    3.1.2 テストファーストを割り切って突き進むアイデア ··54

3.2 モック自動生成ツールが不足している問題···55
    3.2.1 Brightify/Cuckooを使ってみた ··55
    3.2.2 モックが簡単に自動生成されることの功罪 ··56

3.3 他のIDEにできることがXcodeにできない問題···57
    3.3.1 AppCodeを使ってみよう ···57

第4章　参考文献···65

4.1 『テスト駆動開発』···65

4.2 『実践テスト駆動開発』···65

4.3 『Test-Driven iOS Development with Swift 4』···66

謝辞 ···67

著者紹介 ···69

はじめに

こんぬづは、筆者の田中です。

『Swiftで書いておぼえるTDD』を手に取っていただき、ありがとうございます！本書は「Swiftでテスト駆動開発に入門する」本です。より多くのSwiftプログラマが、テスト駆動開発という素晴らしい開発手法に触れる機会を持ってほしいという想いから生まれました。

本書だけでは幅広く、そして奥深いTDDやテストの話題を全てカバーしきれるわけもなく、筆者の知識にも限りがあります。もし読んでいて気になった点や、理解できない点などありましたら、お気軽に筆者のTwitterアカウント（@ktanaka117）にメンションを飛ばしてください。お答えできる疑問かもしれませんし、筆者もわからなければ、一緒に答えを見つけられるかもしれません。

テスト駆動開発は英語でTest-Driven Developmentと呼びます。一般に省略形の**TDD**で知られているため、以降本書ではTDDと表記します。

TDDは、言語にとらわれない開発手法です。なのでJavaで説明されようが、JavaScriptで説明されようが要となる部分は同じはずです（メロンとメロンパンの話ではありませんよ）。ですが、実際にTDDに取り掛かろうとするときは自分が得意とする言語で、解釈もその言語に読み替えて行うはずです。実際、筆者もそうでした。参考にした書籍で紹介されているコードを、自分が得意とするSwiftに読み替えて解釈するにはエネルギーを必要としました。

新しく学ぶことのハードルは低ければ低いほどよいと筆者は考えています。SwiftプログラマにとってTDDのハードルを下げるためにもこの本を書こうと決意しました。

TDDでは実装の手順をいくつかに分けて、その手順の間にかかるコストのことを「歩幅」と表現します。TDDは言語にとらわれないと述べましたが、「Javaでこの機能を実装するには、このくらいの歩幅がちょうどよい」「JavaScriptで書くときはもっと慎重に書こう、こういう点にも注意してテストを書こう」など、言語によって歩幅やスピード感は変わります。「自分が使う言語ではどのくらいの歩幅がちょうどよいのか」それを知るための記事や書籍は、Swiftでは多くありません。本書がその一助になれば幸いです。

また、「TDDってなんか難しそう……」とか「なんとなく聞きかじっているけど、いまいち手が出ない/理解できていない」と思っている方も多いかと思われます。筆者が学び、実践したところ、TDDはコードを書きながらの方が理解しやすいと思いました。そこで、本書では読者の皆様が手を動かしながらTDDを学習できる内容にしました。この本を読み終えたなら、TDDのレッド/グリーン/リファクタリングを用いた改善のサイクルを身につけ、そのメリットとデメリット、そしてプロダクトコードがテストコードと共に歩んでいく安心感（不安との付き合い方）を理解し、噛みしめ、そして楽しめるようになるでしょう。

SwiftでのTDDの実践には、課題もあります。2018年現在のSwiftを取り巻くエコシステムには、他のプログラミング言語と開発環境に、あって当たり前と思えるものがなかったりしま

す。本書では開発環境に関する課題と、筆者がその課題とどのように付き合っているかについても解説します。

対象読者

- TDDの概要を知りたい人
- 普段Swiftを書いていて、TDDに興味のある人
- 「TDDってなんか難しそう……」と思っている人
- 「TDDはなんとなく聞きかじっているけど、いまいち手が出ない/理解できていない」という人

取り扱う内容

- TDDの概要
- TDDのメリット、デメリット
- TDDで気をつけるべきポイント
- SwiftでTDDに入門するための手ほどき
- SwiftでTDDをするときの課題と解決策

取り扱わない内容

- Swiftの書き方
- Xcodeの使い方
- XCTestの使い方

本書出版の経緯

本書はもともと技術書典4という技術書の同人誌即売会で同人誌として頒布したものです。即売会のあとでインプレスR&Dの山城さんからお声がけいただき、晴れて商業版の書籍となりました。

同人版からの修正点

同人版はノリと勢いのある文体で書いていましたが、商業版の発行にあたってより多くの人に受け入れてもらいやすく、かつ理解しやすくするために過剰な表現を取り除きました。また、当初書いていたときよりも筆者のTDDやテストに対する理解が進み、より適切な説明ができるようになった部分を書き換えたりもしています。より多くの初学者が適切な理解を得られるようになっていれば幸いです。

商業版での追記箇所

「2.9.2 フラッシュの判定」

　同人版ではペアの判定までの説明で終わっていましたが、フラッシュの判定も追記しました。実装内容はペアの判定とあまり変わりませんが、TDDのリズムにより馴染んでもらえるよう、地続きの内容を追加しました。

「3.2.2 モックが簡単に自動生成されることの功罪」

　同人版では手放しに期待を込めていたモックの自動生成でしたが、筆者の設計やリファクタリングに対する理解が進むにつれてデメリットも見えてきました。高機能なモックの自動生成ツールは、テストを容易に書けるようにしてくれますが、同時に設計の改善に対する意識を低下させます。TDDの本質は、よりよい設計を得るための矯正ギブスのような役割です。ツールがその意味合いを薄めてしまうこともあり、用法用量には気をつけなければいけないことについて言及しました。

謝辞

@orga_chem(kuniwak)さん

　kuniwakさんには「3.2.2 モックが簡単に自動生成されることの功罪」の追記にあたってアドバイスをいただきました。この節を追記しようと思ったのも、kuniwakさんとのTwitterでのやりとりがきっかけになっています。kuniwakさんにはTDDのみならず、テストや設計に対する僕が抱える疑問をよく相談させていただいて、とても参考にさせていただいています。いつもありがとうございます。

表記関係について

　本書に記載されている会社名、製品名などは、一般に各社の登録商標または商標、商品名です。会社名、製品名については、本文中では©、®、™マークなどは表示していません。

免責事項

　本書に記載された内容は、情報の提供のみを目的としています。したがって、本書を用いた開発、製作、運用は、必ずご自身の責任と判断によって行ってください。これらの情報による開発、製作、運用の結果について、著者はいかなる責任も負いません。

底本について

　本書籍は、技術系同人誌即売会「技術書典4」で頒布されたものを底本としています。

第1章　TDDとは

TDDは開発スタイルです。

　ある機能に対して期待する結果を、プロダクトコードより先に"失敗するテスト"として書き（テストファースト）、実装のゴールを設定します。失敗するテストに始まり、ゴールが満たされた"成功するテスト"という足場を作ることで、動作するコードを変更することへのハードルを下げられます。

　テストが成功することを保証できた状態であれば、「こうあれば使いやすい」「このパーツはこんな形をしているはずだ」と、より理想的な形を求めて、あたかも粘土をこねるようにプロダクトコードの実装を書き換えることができます。プロダクトコードの書き換え自体はテストが無い状態でもできることかもしれませんが、足場が無い状態で書き換えを行うと、動作するコードを破壊してしまう恐れもあります（デグレーション）。

　動作するコードを破壊する不安があっては、人は次第にリファクタリングをしなくなり、負債を抱え込み、徐々にコードは手のつけられない状態になっていきます。TDDはそんな状況を打破し、常に最善のコードを模索していくための開発スタイルです。

TDDは設計手法でもあります。

　作った小さな部品や機能を、テストですぐに実行することで、使いやすいかどうかの判断をその場で下すことができます。テストができなかったり、インターフェースが冗長だったり、その部品が依存する他の部品（コラボレーター）があまりにも多かったりすれば、それは使いにくい部品である可能性が高いのです。

　良い設計か悪い設計かをすぐに判断できるということは強みです。なぜなら、もしそうでなかった場合、すでに広い範囲で使われるようになったその部品を修正するコストは高くなるからです。使いにくさの発見が遅れることは致命傷になりかねません。

　テストしやすさと設計の良し悪しは、完全にイコールの関係ではありませんが、「テストしやすい」＝「よい設計」である傾向があります。プロダクトコードの実装から始めるスタイルと対比して、TDDは矯正ギプスのような役割を果たします。テストを前提に考えることで、徐々により良い設計を手に入れられるようになっていくでしょう。

1.1　TDDのメリット

1.1.1　メンテナンスがしやすい

　常にテストがある状態なので、テストによる多くの恩恵を受け続けられます。既存のプロダクトコードを破壊することなく、機能開発や改修が行えるのはとても強い安心感と自信につな

がります。

1.1.2 デバッグにかける時間を減らせる

プログラムが予期しない動作をしたとき、どこが原因か特定しやすいので、デバッグにかける時間を減らせます。またTDDでは、テスト不備によってすり抜けたバグも同様に、テストを書くことから始めて現象を再現させやすくします。

1.1.3 素早い設計判断、設計改善を行える

テストコードですぐにその部品を使うことになるので、部品の使いやすさをすぐに確認できます（素早いフィードバックサイクル）。設計について見直すことなく、そのままにしておくと、その部品が広い範囲で使われるようになってから、使いにくさに気付くことになります。その頃にはおそらく修正コストが高くなっているでしょう。つまり、早めに使いやすさを見直すことは、将来的なコスト削減につながります。また、テスト可能な設計を考えるとより部品化される傾向があるので、その点も変更が及ぼす範囲を狭めるメリットになります。

1.2 TDDのデメリット

1.2.1 銀の弾丸ではない

チームの成熟度やプロジェクトの状況によっては、無理にTDDを取り入れることが逆にアダとなる場合もあるので、TDDを採用するかどうかはよく考えなければいけません。

1.2.2 仕様変更が生じた時は、テストのメンテナンスも発生する

TDDによる実装を進めていると、テスト自体が仕様書のようになってきます。ということは、仕様が変われば仕様書を書き換えるように、テストも同様に書き換えなければなりません。早い段階からすみずみまでテストを書いていると、修正箇所が多くなります。そのため、仕様が固まっていなかったり変更の可能性がある場合は"用法用量"を守らなければいけません。

1.2.3 ビルド時間がテストファーストの負荷を上げる

Swiftではこれが特に顕著だと考えています。他の静的型付き言語にもいえることですが、どうしても動的型付き言語に比べてビルド時間がかかるため、テストファーストを遵守しているとフィードバックサイクルの足取りが重くなりがちです。テストを実行することに時間がかかってしまうと、集中力が途切れがちになってTwitterを見に行ったり、そもそも最初のレッドを確認するのも億劫になってしまいがちです。このデメリットについては、「3.1 ビルドが遅い問題」で解説します。

1.3 レッド/グリーン/リファクタリング

レッド/グリーン/リファクタリングというのはTDDの開発ステップのことです。

1. レッド: これから作るもののゴールを定める
2. グリーン: 期待する結果を満たす足場を作る
3. リファクタリング: 作った足場を保ちながら改良を行う

テクニックなど具体的な方法については「書いておぼえるTDD」の章で解説します。ここでは概要のみを紹介します。

1.3.1 レッド

まず、これから作る機能（＝テスト対象）にどういう振る舞いやインターフェースを期待するかをテストとして書き、それを実行して結果が失敗になることを確認する、レッドのステップからはじまります。

「レッド」という呼び方は、テスティングフレームワークがテストの失敗を示すときに、その結果を赤色のバー（レッドバー）や赤色のアイコンとして表現する文化に由来しています。（図1.1）

図1.1: XCTestが示すレッド

```
 9   import XCTest
10   @testable import TDDPokerBySwift
11
❌   class TDDPokerBySwiftTests: XCTestCase {
❌       func testCheckRed() {
14           XCTFail("レッドの確認")            ❌ failed - レッドの確認
15       }
16   }
```

1.3.2 グリーン

レッドに続くグリーンは、書かれたテストが成功するプロダクトコードを書くステップです。グリーンのステップでは、とにかく早くテストを成功させることを最優先に考えます。どんなに汚くても、どんなにずるいと感じる書き方でも構いません。きれいに改善するのは、この後に続くリファクタリングのステップで考えることであり、リファクタリングのステップに繋げるにはまずテストが成功していることが欠かせません。テストの失敗がプロダクトコードの変更によるものだと検知する仕組みが必要だからです。

グリーンのステップは、いわば改善していくための足場作りに当たります。「グリーン」という呼び方も、レッド同様に緑色のバー（グリーンバー）や緑色のアイコンに由来しています(図1.2)

第1章　TDDとは　9

図 1.2: XCTest が示すグリーン

```
 9  import XCTest
10  @testable import TDDPokerBySwift
11
    class TDDPokerBySwiftTests: XCTestCase {
        func testCheckGreen() {
14          XCTAssertEqual(1, 1)
15      }
16  }
```

1.3.3　リファクタリング

　レッド/グリーン/リファクタリングの3ステップの中で最後となるリファクタリングは、TDD の要です。その理由は、TDD を導入する目的のひとつが「心理的安全を得たままにプロダクトコードの改善すること」だからです。グリーンという足場があることによって、安全にプロダクトコードを書き換えることができます。

　このステップで行うのは、機能の一般化や、重複箇所を削除しての共通化、設計の見直しやインターフェースの修正などです。リファクタリングは「動作するきれいなコード」を手に入れるステップであり、よりきれいな実装や設計をこのステップで手に入れられれば、テストによって駆動していると言えるでしょう。テストによって駆動する感覚は、このリファクタリングのステップによって作られます。

1.4　チームの理解を得よう

　この節では TDD と、さらにテストやリファクタリングに幅を広げて、チーム開発でよく議論に挙げられる話について言及します。

1.4.1　TDD は個人の開発スタイル

　「TDD をやるときはチーム全体で取り組まなければならないのか？」という疑問をよく見かけます。

　筆者は TDD の導入は、チーム全員でやらなければいけないとは考えていません。TDD 自体は個人のスキルで、個人の開発スタイルだからです。「テストを書きながら実装することは、動作確認を自動化して安心を得ながら開発していく私のスタイルです」というスタンスでいれば、チームで強要せずとも個人のスタイルとして取り入れられます。

1.4.2　メンバー間でリスクとコストの認識を一致させる

　チーム開発におけるテストやリファクタリングで起こりがちなもう1つの話題についても言及します。

　テストやリファクタリングをしたいと言ったとき、マネージャーやディレクターから「時間

10　第1章　TDD とは

がかかりすぎです」とか、「テストは考えなくていいです、削ってください」などと言われたことはないでしょうか。同じ開発チームのメンバーからも、費用対効果の認識や知識量の違いで優先順位が異なり、テストやリファクタリングは今すべきでないと言われることもあるかもしれません。これらのコミュニケーションはコストとリスクを天秤にかけたときの方針に、メンバー間で不一致が生じているために発生します。

このような話が挙がった時は、今後のプロダクトの方針と開発方針をメンバー間ですり合わせましょう。

テストやリファクタリングはどちらも、コストがかかってしまうことがあります。将来を見据えて、テストやリファクタリングを取り入れないことによるリスクがどれくらいあるのか、その対策は今から取りかからなくてもよいかは都度チーム内で認識を合わせる必要があります。特にプロダクトの方針を考える人間と認識をすり合わせることは非常に重要です。長いスパンで継続していく予定のプロダクトなのか、施策展開の速度はどれくらいを考えているのかなどは開発の方針に関わります。

具体的な論点の例は次のようになるでしょう。

・やりたいことを実現するために現在の実装でどういうリスクがあるか

・そのリスクを許容できるか

・リスクを許容できないとすれば、やりたいことを実現するためにテストやリファクタリングにどれくらいのコストがかかるか

・コストとリスク、天秤にかけたときにどちらを優先するか

これらを話し合った結果、やりたいことに対するリスクは思っていたよりも小さいとわかり、大きなテストやリファクタリングは必要がないという判断になることもあるかもしれません。または思っていたよりもやりたいことが大きく、テストやリファクタリングがなければ立ち行かなくなると判断できるかもしれません。テストやリファクタリングがされないことに対して不安をおぼえるだけでなく、建設的にメンバー間で認識を一致させていくことが重要になります。

開発速度と自動テストの導入に関する話では、次のスライド資料が参考になります。（特にp214の「自動化の谷」の話は関わりが深いです。）

iOSアプリの開発速度を170%に向上させたデバッグノウハウ / Debugging knowhow that improved our development velocity to 170% - Speaker Deck
https://speakerdeck.com/orgachem/debugging-knowhow-that-improved-our-development-velocity-to-170-percent

第2章 書いておぼえるTDD

いよいよ本書のメインディッシュである「書いておぼえるTDD」です。

冒頭でも触れましたが、TDDについて語られていたり、まとめられた文書は数多く存在します。筆者もそれらをよく読んだり、ながめるような感覚で目にすることが多かったのですが、しっくりくる理解はしばらく得られませんでした。

筆者がTDDについて理解するヒントが得られたのが、TDDにおける国内の第一人者であるt_wadaさんを講師に迎えた、当時勤めていた会社での社内勉強会でした。この勉強会はワークショップ形式でTDDを学ぶイベントでした。しかもペアプロで。

[社内イベント] 和田卓人さんによるテスト駆動開発ワークショップの参加レポート ［札幌編］ |
Developers.IO
https://dev.classmethod.jp/event/twada-tdd-workshop-sapporo-report/

このワークショップに参加して、TDDがどういうものなのか、日々書いているプログラミング言語というインターフェースを通して理解できました。このような経緯から、本書も読者の皆様が手を動かしながらTDDの良し悪しを実感できるよう、Swiftで実装する演習問題を通してTDDを紹介していきます。

全国で定期的に開催されるTDD Boot Camp

TDD Boot Campというイベントもオススメです。TDD Boot Campは前述したワークショップと同じように、参加者同士でチームに分かれてペアプロでTDDをするイベントです。1日みっちりTDD漬けで、各チームでペアプロした結果を他のチームに見せ合って、レビューしていくスタイルをとっています。

全国で定期的に開催されるイベントで、筆者の地元の仙台では毎年開催されています。機会があれば、そちらに足を運んでみるのもよいかもしれません。短期間でさまざまなコードを見せあうことは、非常にエンジニア心をくすぐられて楽しいです。

TDD Boot Camp(TDDBC) - TDDBC
http://devtesting.jp/tddbc/

2.1 本章の開発環境

・Xcode 9.4.1

・Swift 4.1

・XCTest

2.2 サンプルプロジェクトのリポジトリ

```
https://github.com/ktanaka117/TDDPokerBySwift
```

2.3 演習問題

本章では実際にTDDでポーカーを実装していきます。実装するポーカーの演習問題は次のサイトからお借りしています。本書で解説する演習問題は途中までですが、サイトには続きの問題が掲載されているので、ぜひ続きもお試しください。

```
TDD Boot Camp(TDDBC) - TDDBC仙台07/課題
http://devtesting.jp/tddbc/?TDDBC%E4%BB%99%E5%8F%B007%2F%E8%AA
%B2%E9%A1%8C
※この演習問題は クリエイティブ・コモンズ 表示 - 継承 2.1 日本 ライセンスの下に提供されて
います。
https://creativecommons.org/licenses/by-sa/2.1/jp/
```

2.4 ポーカーの言葉の整理

・ポーカー（poker）は、トランプを使って行うゲームのジャンルである。

・プレイヤー達は5枚の札でハンド（役、手役、hand）を作って役の強さを競う。

```
ポーカー - Wikipedia
https://ja.wikipedia.org/wiki/%E3%83%9D%E3%83%BC%E3%82%AB%E3%83%BC
より抜粋
```

2.5 トランプの言葉の整理

・トランプは、日本ではカードを使用した室内用の玩具を指すために用いられている用語。

・もっぱら4種各13枚の計52枚（＋ a ）を1セットとするタイプのものを指して言うことが

多い。

- カード（card）
  —スートとランクを持つ
- スート（suit）
  —次の4種類を持つ
  - ♠（スペード/spade）
  - ♥（ハート/heart）
  - ♣（クラブ/club）
  - ◆（ダイヤ/diamond）
- ランク（rank）
  —次の１３種類を持つ
  - A（エース/ace）, 2, 3, 4, 5, 6, 7, 8, 9, 10, J(ジャック/jack）, Q（クイーン/queen）, K（キング/king）
- デッキ（deck）
  —カードひと組（4スート x 13ランク = 52枚）のこと

```
トランプ - Wikipedia
https://ja.wikipedia.org/wiki/%E3%83%88%E3%83%A9%E3%83%B3%E3%83%97
より抜粋
```

2.6　カードの文字列表記（インスタンスの生成）

- 任意のカード1枚の文字列表記を取得してください。
  —スート (suit) と ランク (rank) を与えて カード (card) を生成してください。
  —生成したカードから文字列表記 (notation) を取得してください。

例

```
// スートにスペード，ランクに3を与えてカードを生成
Card threeOfSpades = new Card("♠", "3");

// 「スペードの3」の文字列表記は「3♠」
String notation = threeOfSpades.getNotation(); // => "3♠"

// スートにハート，ランクにJを与えてカードを生成
Card jackOfHearts = new Card("♥", "J");

// 「ハートのJ」の文字列表記は「J♥」
```

14 | 第2章　書いておぼえる TDD

```
String notation = jackOfHearts.getNotation(); // => "J♥"
```

2.6.1 実装したいことをTODOリストに書き起こす

　問題はよく読めたでしょうか？次にTDDを始める前準備として、これからやることをTODO
リストに書き起こしていきましょう。

　TDDを始める際には、TODOリストを作ることをオススメします。TODOリストを書くこ
とで、**やるべきことを忘れずに目の前のことに集中でき、その仕事が終わったかどうかを確認
する**ことができます。また、プログラマは往々にしてさまざまな"気がかり"を抱え込みがち
です。今まさにソースコードを書き進めている間でも「ここはもっと別の設計にしたほうが良
かったな……」とか、「今取り掛かっている作業と違う部分にバグを発見してしまった……」な
んてことがよくあります。そんなときもTODOリストの出番です。TODOリストに懸念点を書
きこんでおくことで、**見つけてしまった問題をいったん忘れて、今解決しようとしている問題
に集中する**ことができます。

　今回の演習問題をTODOリストに書き起こすために重要な部分は次の三文です。

> ・任意のカード1枚の文字列表記を取得してください。
> 　・スート（suit）と ランク（rank）を与えて カード（card）を生成してください。
> 　・生成したカードから文字列表記（notation）を取得してください。

　書き起こすと次のようになります。筆者がTODOリストを書くときは、Markdown記法を利
用しています。

> - [ ] Card を定義して、インスタンスを作成する
> - [ ] Card のインスタンスから文字列表記（notation）を取得する

　このTODOリストはどこから手をつけても構いません。ただし今回はCardが定義されない
と文字列表記が取得できないので、Cardを定義するところから始めましょう。問題が二分され
たので、文字列表記の取得に関しては次の節で取り扱います。

　さて、TDDによる開発はテストを書くことから始めます。テストを書くときは期待する結果
をアサーションに書くことから始めますが、Cardを定義してインスタンスが作成できているこ
とを証明するには、なにが実現できていればよいでしょうか？

　ここで気づいたことが2つあります。ひとつ目は「Cardを定義してインスタンスを作成する」
なんて、Swiftを書き慣れた方であればclassやstructをinitしたらインスタンスが生成される
ことは明白ですし、今回の問題でFailable Initializerとして定義したり、例外を投げるような実
装にはしないでしょう。わざわざ今回のTODO項目に挙げるべきことでもなかったかもしれま
せん。

第2章　書いておぼえるTDD　15

ふたつ目には、仕様の見落としがありました。Cardはそのインスタンスを作成できるだけでなく、SuitとRankを持ちます。TODOリストに「Cardを定義してインスタンスを作成する」の子要素として「CardはSuitを持つ」と「CardはRankを持つ」という項目を追加した方が良さそうです。インスタンス化したCardが期待するSuitとRankを持つかというテスト対象が見えたので、1つ目に挙げた「TODO項目に挙げるべきことでもなかった」という考えを否定して意味を持たせることができました。

気づいたことがあった場合は、すぐにTODOリストに反映させましょう。TODOリストを更新すると次のようになります。

```
- [ ] Cardを定義して、インスタンスを作成する
  - [ ] CardはSuitを持つ
  - [ ] CardはRankを持つ
- [ ] Cardのインスタンスから文字列表記 (notation) を取得する
```

||||||||||||||||||||||||||||||||||||||||||||||||||||||||||||||||||||||||||||||||||
不安をコントロールする

プログラミングにまつわる不安や恐怖をコントロールすることもTDDの関心事のひとつです。TODOリストは、目先のものごとを整理し、不安や恐怖に立ち向かうためのツールのひとつです。この後に出てくる仮実装、三角測量、明白な実装という3つのテクニックも、自分の実装に対する自信の度合いに応じて使い分けていきます。テクニックによって不安を乗り越え、よりよいコードを生み出していきましょう。

「人間は誰でも不安や恐怖を克服して安心を得るために生きる 〜中略〜

　安心を求める事こそ人間の目的だ」

『ジョジョの奇妙な冒険』より、人間をやめたDIOのセリフより

　TDD戦士に、LuckとPLUCKを。

||||||||||||||||||||||||||||||||||||||||||||||||||||||||||||||||||||||||||||||||||

2.6.2　レッド

作業に取り掛かる前にTODOリストを見直したところで、Include Unit Testsのチェックをオンにした状態で新規にXcodeプロジェクトを作りましょう。(図2.1)

図2.1: ユニットテストを追加したプロジェクトを新規に作る

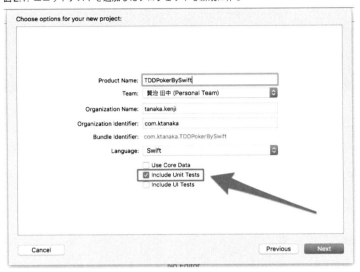

　プロジェクトが作成できたら、**Command + U**のショートカットを使ってテストを実行しましょう。テストを書き始める前にテストを実行することの意味は、これから書いていくテストが失敗する理由が環境によるものなのか、コードによるものなのかを切り分けるためです。もし、なにもテストを書いていない状態でテストを実行して何らかのエラーが出る場合は、テストを実行するための環境が整っていない状態なので、開発を始める前にその問題を解決しましょう。

　テストが正常に実行できることが確認できたら、レッドの状態のテストを作成していきます。テストケースの定義は、Cardのインスタンスを作成したときに、SuitとRankが意図したものになっているかどうかという観点で作っていきましょう。

　次のコードはSuitとRankを表現するのにenumを用いたパターンです。なぜenumを利用するかというと、Suitが4種類、Rankが13種類という限られた範囲で表現できるからです。このように設計することで、SuitとRankに想定外の値が用いられることを防げる利点があります。

```
// TDDPokerBySwiftTests.swift
import XCTest
@testable import TDDPokerBySwift

class TDDPokerBySwiftTests: XCTestCase {
    func testInitializeCard() {
        let card = Card(suit: .heart, rank: .three)
        XCTAssertEqual(card.suit, .heart)
        XCTAssertEqual(card.rank, .three)
    }
}
```

ここでテストを実行してみましょう。次のエラーが出たら成功です！おめでとうございます！本来、テストを実行して期待するのは成功なので、レッドなのにおめでとうというのも、不思議な感覚かもしれませんね。

```
- Use of unresolved identifier 'Card'
```

表示されたエラーは、テスト結果によって検出されたものではありません。「未解決の識別子 'Card' が使用されている」というコンパイルエラーです。JavaScriptなどの動的型付き言語ではプログラムを実行しなければ間違いを検出できませんが、Swiftは静的型付き言語であるため、実行前にコンパイラがこのようなエラーを検出してくれます。静的型付き言語のTDDにおいてはコンパイルエラーもレッドの一種です。

2.6.3 グリーン

レッド/グリーン/リファクタリングのレッドのステップを踏むことができたので、次は早急にグリーンにしましょう！はい急いで急いで！

今表示されているエラーはCardが未定義なために出ているエラーでしたので、Cardを作りましょう。

```swift
// Card.swift
import Foundation

struct Card {
    enum Suit {
        case heart
    }

    enum Rank {
        case three
    }

    let suit: Suit
    let rank: Rank
}
```

これでテストが通るはずです。**Command + U**のテスト実行ショートカットを使って、どんどんテストをしていきましょう。テストが通りましたか？おめでとうございます！あなたの実装とテストが確かなものであることが世界に認められた瞬間です！

この時点で「Cardを定義して、インスタンスを作成する」ためのテストケースは1つしかありません。他のRankやSuitを代入してインスタンスを作成しても、その通りになるでしょう

18 | 第2章 書いておぼえる TDD

か？続けてテストケースを追加して検証してみましょう。

```swift
// TDDPokerBySwiftTests.swift
import XCTest
@testable import TDDPokerBySwift

class TDDPokerBySwiftTests: XCTestCase {
    func testInitializeCard() {
        let card1 = Card(suit: .heart, rank: .three)
        XCTAssertEqual(card1.suit, .heart)
        XCTAssertEqual(card1.rank, .three)

        let card2 = Card(suit: .spade, rank: .jack)
        XCTAssertEqual(card2.suit, .spade)
        XCTAssertEqual(card2.rank, .jack)
    }
}
```

　テストを実行してみると、次のエラーが検出できました。Card.Suitのメンバーにspade
がないというエラーです。

```
- Type 'Card.Suit' has no member 'spade'
```

　しまった！そういえばSuitとRankは.heartと.threeしか定義していませんでした。Suit
とRankのケースを追加する必要が出てきました。

```swift
// Card.swift
import Foundation

struct Card {
    enum Suit {
        case spade
        case heart
        case club
        case diamond
    }

    enum Rank {
        case ace
        case two
        case three
```

```
        case four
        case five
        case six
        case seven
        case eight
        case nine
        case ten
        case jack
        case queen
        case king
    }

    let suit: Suit
    let rank: Rank
}
```

　実装の書き換えを行ったら必ずテストを実行するようにしましょう。テストは通りましたか？通った？よかった。あなたがこの本を写経しているのであれば、僕がTypoしていないことが証明されました。（もしくはあなたと僕の2人とも間違えているかですね！）

　このテストが成功したことで、.heart,.threeのパターンのみにおいて実装が正しいわけではなく、他のパターンにおいてもCardがsuitとrankを保持することを保証できました。

　テストの要件が満たせたタイミングでグリーンのステップは終了です。続くリファクタリングでコードを改善していきましょう。

2.6.4　テストケースから設計を考える

　リファクタリングのステップに入る前に、今回のenumでSuitとRankを設計について少し解説します。

　（この解説はスキップして先にリファクタリングに進んでいただいても構いません。）

　例えばSuitをString、RankをIntで定義したパターンを考えてみましょう。

```
// トランプにクローバーは存在しない。トランプに14は存在しない。
let card = Card(suit: "clover", rank: 14)
```

　Suitに期待している4種類以外や、Rankに期待している13種類以外が引数に入った場合、Cardのinit時に例外を投げる仕組みが必要になります。サンプルコードを提示すると、次のようになります。

```
import Foundation
```

```swift
enum CardError: Error { case unexpectedValue }

struct Card {
    let suit: String
    let rank: Int

    init(suit: String, rank: Int) throws {
        switch suit {
        case "spade", "heart", "club", "diamond":
            self.suit = suit
        default:
            throw CardError.unexpectedValue
        }

        switch rank {
        case 1..<14:
            self.rank = rank
        default:
            throw CardError.unexpectedValue
        }
    }
}

var card: Card?
do {
    card = try Card(suit: "clover", rank: 14)
} catch {
    print(error) // <- unexpectedValue
}
```

　Cardをinitするためにこの処理は大げさですし、なによりCardを使おうとしたときにtryを付けなければいけないのは大変扱いづらいです。

　enumを利用することで、その型を使うときに考慮しなければいけないことを減らし、プログラマのミスが起こらない仕組みを実現できます。その型の性質をうまく捉えて、型を活かしたよい設計を心がけましょう。

2.6.5　リファクタリング

　みなさんお待ちかねのリファクタリングタイムです！汚かったり、足りないところが目についてしょうがないと感じていた方は多かったんじゃないでしょうか！僕もその1人です！直していきますよ！

リファクタリングのステップではプロダクトコードとテストコードの双方を見直して、重複したコードの排除や可読性の向上、設計の改善を行います。

筆者はcard1,card2と表記している変数が気持ち悪く感じました。これらを取り除いていきましょう。

```swift
// TDDPokerBySwiftTests.swift
import XCTest
@testable import TDDPokerBySwift

class TDDPokerBySwiftTests: XCTestCase {
    func testInitializeCard() {
        var card: Card

        card = Card(suit: .heart, rank: .three)
        XCTAssertEqual(card.suit, .heart)
        XCTAssertEqual(card.rank, .three)

        card = Card(suit: .spade, rank: .jack)
        XCTAssertEqual(card.suit, .spade)
        XCTAssertEqual(card.rank, .jack)
    }
}
```

少し行数は増えましたが、テスト対象をcardに統一できたので、直前に代入しているカードをアサーションにかけていると読めるようになりました。「こちらのテストケースではcard1と比較して、あちらのテストケースではcard2と比較して……」という見比べが無くなったので、読むときのストレスが減ったよいコードになったと思います。

これ以上にリファクタリングする箇所が無いと判断できれば、今取りかかっていたTODOにチェックを入れましょう。

```
- [x] Cardを定義して、インスタンスを作成する
  - [x] CardはSuitを持つ
  - [x] CardはRankを持つ
- [ ] Cardのインスタンスから文字列表記 (notation) を取得する
```

2.6.6　この節のまとめ

文字列の表記を取得するのがこの演習問題のメインテーマでしたが、区切りがよいので一度おさらいをしましょう。

- TODOリストを書いて、取り組むべき問題を細分化した。
- 不安や気がかりを見つけたらTODOリストに書き込み、今取り組んでいる問題に集中した。
- テストの失敗が環境によるものかを切り分けるために、テストを書き始める前にプロジェクトのテストを一度実行した。
- テストケースから考えることで、型をうまく利用し、考慮しなければならないテストケースを減らした。
- グリーンで終わらず、プロダクトコードとテストコード双方を見直し、より安心感のあるコードを手に入れた。

　実際の開発でこのようなシンプルなinitはそもそもテスト対象にはなりません。今回取り上げたテストケースは、言語機能自体のテストに近いものになってしまっています。この節はTDDのレッド/グリーン/リファクタリングのリズムを説明するために、若干恣意的な表現になりましたが、意味がないものではありません。「TDDはこんな小さな歩幅でも開発ができるよ」という意味があります。次の節では、開発の歩幅とそれを調整するテクニックについて紹介していきます。

　本節の終了時点のコードは次のようになっています。

```swift
// TDDPokerBySwiftTests.swift
import XCTest
@testable import TDDPokerBySwift

class TDDPokerBySwiftTests: XCTestCase {
    func testInitializeCard() {
        var card: Card

        card = Card(suit: .heart, rank: .three)
        XCTAssertEqual(card.suit, .heart)
        XCTAssertEqual(card.rank, .three)

        card = Card(suit: .spade, rank: .jack)
        XCTAssertEqual(card.suit, .spade)
        XCTAssertEqual(card.rank, .jack)
    }
}
// Card.swift
import Foundation

struct Card {
    enum Suit {
        case spade
        case heart
```

```
        case club
        case diamond
    }

    enum Rank {
        case ace
        case two
        case three
        case four
        case five
        case six
        case seven
        case eight
        case nine
        case ten
        case jack
        case queen
        case king
    }

    let suit: Suit
    let rank: Rank
}
```

‖‖‖
テスト不足を感じたら

　「.heart, .three/.spade, .jack 以外のパターンをテストしなくてもよいのか？」という観点もあるかもしれません。この観点に対して、「不安だったらテストケースを足したほうがよい」と筆者は考えます。筆者は、「2つのテストケースを書くことで、実装が一般化されていることを説明できる」ことから、今書いた2つのテストケースで十分だと判断しました。もしもこの2つのテストケースでまだ不安を感じるようであれば、テストケースを追加すべきでしょう。TDDはプログラマの不安をコントロールするためのツールでもあります。

‖‖‖

2.7　カードの文字列表記（文字列表記の取得）

　作業に取り掛かる前にTODOリストを確認しましょう。次のようになっています。今度こそ文字列表記を取得するTODOに取り掛かっていきましょう。

```
- [x] Cardを定義して、インスタンスを作成する
  - [x] CardはSuitを持つ
  - [x] CardはRankを持つ
- [ ] Cardのインスタンスから文字列表記 (notation) を取得する
```

2.7.1 仮実装

前節と同じように、TDDの黄金律であるレッド/グリーン/リファクタリングの手順で作業を
進めていきます。レッドになるテストを書くところからはじめましょう。

```swift
func testCardNotation() {
    let card = Card(suit: .heart, rank: .three)
    XCTAssertEqual(card.notation, "3♥")
}
```

suitを.heart、rankを.threeで生成したcardの文字列表記 (notation) が、"3♥"とな
ることを期待するテストを書きました。演習問題の例として示された実装では、getNotation()
という関数から文字列表記を取得していますが、Swiftではgetter/setterを用いるよりもプロパ
ティとして宣言するインターフェースが好ましいです。テストを実行してレッドになることを
確認してください。「Cardはnotationをメンバーにもたない」というエラーが発生すれば、レッ
ドのステップは終了です。

```
- Value of type 'Card' has no member 'notation'
```

エンジニアである読者の皆さんは、「無いものがあれば作る」精神をお持ちだと思いますの
で、早速notationをCardに実装してテストをグリーンにしていきましょう。

```swift
// Card.swift
import Foundation

struct Card {
    enum Suit {
        // 省略
    }

    enum Rank {
        // 省略
    }
```

第2章 書いておぼえるTDD 25

```
    let suit: Suit
    let rank: Rank

    var notation: String {
        return "3♥"
    }
}
```

実装を変えたらテストを実行してください。テストが成功したら正解です。

notationは初期化時に代入されたSuitとRankから生成されるものなので、外から代入された値を保持するStored Propertyではなく、Computed Propertyによる実装が適切だと判断しました。そして今回注目してほしいのが、notationの戻り値を固定値で記述しているところです。期待する値をベタ書きする**仮実装**というテクニックを使っています。

グリーンはどんなに汚くても、どんなにずるいと感じる書き方をしてもいいから、早くテストを成功させることにフォーカスするステップです。仮実装を行うことで、まず間違いなくテストがグリーンになる状況を作れます。

2.7.2 三角測量

"3♥"を返すnotationについては保証できましたが、一般化が保証できていないのでまだグリーンのステップです。もうひとつのケースとして"J♠"についてはどうでしょうか？テストを書いて確認しましょう。

```
func testCardNotation() {
    let card1 = Card(suit: .heart, rank: .three)
    XCTAssertEqual(card1.notation, "3♥")

    let card2 = Card(suit: .spade, rank: .jack)
    XCTAssertEqual(card2.notation, "J♠")
}
```

notationは"3♥"を固定値として返す実装になっていたので、もちろんレッドになりますよね？このように2つ以上のテストケースを用意することで、機能の一般化を導き出すテクニックを**三角測量**といいます。三角形の残りの辺を導き出す三角方に由来します。

notationが"J♠"も返すように修正していきましょう。Swiftのenumは各ケースに対応するrawValueを持てるので、こんな実装はどうでしょうか。

```
// Card.swift
import Foundation
```

```swift
struct Card {
    enum Suit: String {
        case spade   = "♠"
        case heart   = "♥"
        case club    = "♣"
        case diamond = "♦"
    }

    enum Rank: String {
        case ace   = "A"
        case two   = "2"
        case three = "3"
        case four  = "4"
        case five  = "5"
        case six   = "6"
        case seven = "7"
        case eight = "8"
        case nine  = "9"
        case ten   = "10"
        case jack  = "J"
        case queen = "Q"
        case king  = "K"
    }

    let suit: Suit
    let rank: Rank

    var notation: String {
        return rank.rawValue + suit.rawValue
    }
}
```

テストを実行しましょう。これでテストが成功するようになり、notationを一般化できました。

三角測量はどのように実装を一般化すればよいか、思い浮かばないときに使います。もしそうでない場合は、仮実装と、この後に説明する明白な実装を行き来して実装を進めます。

ふたつ以上のテストケースを用意することは、ひとつのテストケースからは思い浮かばない一般化の方法を導いてくれます。notationが"3♥"を返却するひとつのテストケースのみの場合、仮実装でベタ書きの値を返すように実装を書いていても、最低限のnotationの実装は行われているように見えてしまいます。ふたつ以上のテストケースを用意することで、一般化の必要性を生み出し、どうすれば少ない手数で複数のパターンに対応できるだろうかと考える

ようになります。そこにはよい設計のヒントがあり、テストによって駆動する手助けが存在します。

実装が一般化できてグリーンのステップを終えたので、ついでにtestInitializeCard()と同様に、cardの変数をテストケースごとに初期化して、共通利用できるようにリファクタリングしましょう。

```
func testCardNotation() {
    var card: Card

    card = Card(suit: .heart, rank: .three)
    XCTAssertEqual(card.notation, "3♥")

    card = Card(suit: .spade, rank: .jack)
    XCTAssertEqual(card.notation, "J♠")
}
```

2.7.3　明白な実装

ここまで、レッド/グリーン/リファクタリングのリズムと仮実装、三角測量の説明をしてきましたが、こう思われる方もいらっしゃるのではないでしょうか。

「TDDは無駄に小さくステップを踏む必要があって、時間がかかるやり方だったんだ！」

お待ちくださいお客様、そうではございません！TDDで大切なのは、小さい歩幅で実装を続けられるようになることです。今回は小さな歩幅で進むとどれくらい細かになるかを紹介するために、あえて丁寧に説明しています。実際の日々のコーディングでも、必ず小さな歩幅で実装を進めなければいけないわけではなく、すぐに頭の中のコードを実装に落としこんでも構いません。これは、期待通りの値をベタ書きして徐々に実装を改善していく仮実装と対比して、**明白な実装**といいます。

TDDでは仮実装と明白な実装を使い分けてコードを書いていきます。使い分ける基準は自分がこれから書くコードに対する自信の度合いです。「自信」と反対の言葉として「不安」がありますが、不安をコントロールすることもTDDの関心事のひとつです。わざわざ仮実装というテクニックがあるのは、不安をコントロールするためです。勇気をもって大きな歩幅で進んでみて、もし失敗したら小さな歩幅に切り替えればいい。すぐに実装できると思ったら明白な実装を行い、もし失敗したら仮実装で少しずつ実装を改善していけばいい。適切な使い分けで、不安を乗り越えていきましょう。

ちょうどよいので明白な実装を使ってもうひとつリファクタリングをしましょう。取得する

文字列表記は"3♥"でrank,suitの順序に並んでいるのに、Cardの初期化はsuit,rankの並び順になっていることに気づいたでしょうか。

```
card = Card(suit: .heart, rank: .three)
XCTAssertEqual(card.notation, "3♥")
```

　この演習問題では文字列表記の順序に沿う形が望ましいと仮定して、rank, suit の順序で Card のインスタンスを初期化できるようにリファクタリングしましょう。テストの書き換えから始めて、初期化処理を rank,suit の順番に並び替えます。

```
func testInitializeCard() {
    var card: Card

    card = Card(rank: .three, suit: .heart)
    XCTAssertEqual(card.rank, .three)
    XCTAssertEqual(card.suit, .heart)

    card = Card(rank: .jack, suit: .spade)
    XCTAssertEqual(card.rank, .jack)
    XCTAssertEqual(card.suit, .spade)
}

func testCardNotation() {
    var card: Card

    card = Card(rank: .three, suit: .heart)
    XCTAssertEqual(card.notation, "3♥")

    card = Card(rank: .jack, suit: .spade)
    XCTAssertEqual(card.notation, "J♠")
}
```

　テストを実行し、レッドになることを確認しましょう。
　レッドをグリーンになるよう、コードを書き換えていきます。

```
// Card.swift
import Foundation

struct Card {
    enum Rank: String {
        // 省略
    }
```

```
enum Suit: String {
    // 省略
}


let rank: Rank
let suit: Suit


    // 省略
}
```

　筆者は「Swiftのstructは、プロパティの宣言順序に応じて初期化の引数の順序が変わる」ということを知っていて自信があったので、次のように順序を並び替えたinitを宣言するのではなく、そのままsuit, rankプロパティの宣言順序を入れ替えました。

```
// この実装でもテストを通すことはできるが、
// 言語機能をうまく活用することで不要なコードはなくしていきたい
let suit: Suit
let rank: Rank

init(rank: Rank, suit: Suit) {
    self.rank = rank
    self.suit = suit
}
```

　このリファクタリングで「Cardのインスタンスから文字列表記（notation）を取得する」機能を実現できたので、TODOリストを更新しましょう。

```
- [x] Cardを定義して、インスタンスを作成する
  - [x] CardはSuitを持つ
  - [x] CardはRankを持つ
- [x] Cardのインスタンスから文字列表記（notation）を取得する
```

2.7.4　不要なテストを削除する（テストのリファクタリング）

　notationは初期化時に渡したrankとsuitに応じて文字列表記を返却するプロパティでした。つまりnotationが期待通りの文字列を返却するということは、Cardは初期化でき、同時にrankとsuitが期待通りインスタンスに保持されることが証明できると言えます。既存のテストケースであるtestInitializeCard()とお別れする時がきました。testInitializeCard()を消しましょう。

```swift
// TDDPokerBySwiftTests.swift
import XCTest
@testable import TDDPokerBySwift

class TDDPokerBySwiftTests: XCTestCase {
    func testCardNotation() {
        var card: Card

        card = Card(rank: .three, suit: .heart)
        XCTAssertEqual(card.notation, "3♥")

        card = Card(rank: .jack, suit: .spade)
        XCTAssertEqual(card.notation, "J♠")
    }
}
```

　リファクタリングのステップは、テストに対してもプロダクトコード同様に適用されます。テストコードの重複削除には、今回のように既存のテストケースが不要になる場合も当てはまります。テストに対してもメンテナンスやリファクタリングをしていきましょう。

2.7.5　この節のまとめ

　機能らしい機能として文字列表記が実装できて、TDDのテクニックについても触れました。多くのことを学んだこの節を振り返りましょう。

- ・期待する値をベタ書きする「仮実装」によって、テストを素早くグリーンにするテクニックを学んだ
- ・複雑な機能の一般化を導き出すための「三角測量」というテクニックを学んだ
- ・頭の中にあるコードをすぐ実装に落とし込む「明白な実装」というテクニックを学んだ
- ・TDDは必ずしも小さな歩幅で開発を進めるわけではなく、仮実装と明白な実装を使い分けて、歩幅を調整しながら実装していく
- ・新しいテストケースと重複した既存のテストケースを削除し、テストのリファクタリングをした

　ここまでで、TDDに関する基本的なテクニックは紹介しました。次の節からはTDDのリズムを繰り返し手に慣らしながら、Swiftではどんな設計、どんな実装になっていくかという点を重点的に紹介していきます。これまで出てきた用語でわからないところがあれば、前のページに戻り、見返しながら読み進めてください。

　本節の終了時点のコードは次のようになっています。

```swift
// TDDPokerBySwiftTests.swift
```

```swift
import XCTest
@testable import TDDPokerBySwift

class TDDPokerBySwiftTests: XCTestCase {
    func testCardNotation() {
        var card: Card

        card = Card(rank: .three, suit: .heart)
        XCTAssertEqual(card.notation, "3♥")

        card = Card(rank: .jack, suit: .spade)
        XCTAssertEqual(card.notation, "J♠")
    }
}
// Card.swift
import Foundation

struct Card {
    enum Rank: String {
        case ace   = "A"
        case two   = "2"
        case three = "3"
        case four  = "4"
        case five  = "5"
        case six   = "6"
        case seven = "7"
        case eight = "8"
        case nine  = "9"
        case ten   = "10"
        case jack  = "J"
        case queen = "Q"
        case king  = "K"
    }

    enum Suit: String {
        case spade   = "♠"
        case heart   = "♥"
        case club    = "♣"
        case diamond = "♦"
    }

    let rank: Rank
```

```
    let suit: Suit

    var notation: String {
        return rank.rawValue + suit.rawValue
    }
}
```

2.8　カードの比較

次の演習問題に取り掛かりましょう。お次はSuit、Rank、Cardの比較です。

・任意のカード2枚について、同じスート／ランクを持つか判断してください

　　—カード（card）がもう1枚のカードと同じスートを持つか（has same suit）を判断してく
　　ださい

　　—カード（card）がもう1枚のカードと同じランクを持つか（has same rank）を判断してく
　　ださい

例

```
Card threeOfSpades = new Card("♠", "3"); // スペードの3
Card aceOfSpades = new Card("♠", "A"); // スペードのA
Card aceOfHearts = new Card("♥", "A") // ハートのA
// スペードの3とスペードのAは同じスートを持つ
threeOfSpades.hasSameSuit(aceOfSpades) // => true
// スペードの3とハートのAは異なるスートを持つ
threeOfSpades.hasSameSuit(aceOfHearts) // => false
// スペードの3とスペードのAは異なるランクを持つ
threeOfSpades.hasSameRank(aceOfSpades) // => false
// スペードのAとハートのAは同じランクを持つ
aceOfSpades.hasSameRank(aceOfHearts) // => true
```

例のごとくTODOリストに書き起こしてみましょう。今回の出題はほぼそのままTODOリ
ストに書き起こせるような内容でしたが、「同じスート／ランクを持つ」ということを、「同じ
カードである」ということと読み替えて、「2枚のカードが同じカードかどうかを判別する」と
しています。

```
- [ ] 2枚のカードが同じカードかどうかを判別する
  - [ ] 2枚のカードが同じSuitを持つか判別する
  - [ ] 2枚のカードが同じRankを持つか判別する
```

第2章　書いておぼえる TDD　33

2.8.1　Suitの比較

　まずはTODOリストの子要素である、「2枚のカードが同じSuitを持つか判別する」から取り
掛かります。

　サンプルコードの例ではhasSameSuit()という、CardのインスタンスメソッドでSuitの
比較を行っているので、ならって書いてみましょう。

```swift
func testHasSameSuit() {
    let card1 = Card(rank: .ace, suit: .heart)
    let card2 = Card(rank: .two, suit: .heart)
    XCTAssertTrue(card1.hasSameSuit(card2))
}
```

　まだhasSameSuit()は定義していないので、テストは失敗するはずです。レッドは確認で
きましたか？

　hasSameSuit()のインターフェースはこんな感じでいかがでしょうか。仮実装として、必
ずtrueを返却するようにします。

```swift
// Card.swift
import Foundation

struct Card {
    // ......
    // ...
    // 省略

    func hasSameSuit(_ card: Card) -> Bool {
        return true
    }
}
```

　ここでテストを実行すると成功するはずです。よいリズムでグリーンを確認できました！サ
イクルが早くなっていますね！

　次にベタ書きしていた実装を一般化していきましょう。先ほど学んだ三角測量を使います。
.spadeと.heartを比較したら、hasSameSuit()はfalseを返却するはずなので、次のテ
ストケースを追記して、テストを実行します。

```swift
func testHasSameSuit() {
    let card1 = Card(rank: .ace, suit: .heart)
    let card2 = Card(rank: .two, suit: .heart)
    XCTAssertTrue(card1.hasSameSuit(card2))
```

```swift
    let card3 = Card(rank: .ace, suit: .spade)
    let card4 = Card(rank: .two, suit: .heart)
    XCTAssertFalse(card3.hasSameSuit(card4))
}
```

　hasSameSuit()は仮実装で必ずtrueを返却する実装になっていたので、テストが失敗します。hasSameSuit()を一般化する時がきました。

　どうやって2枚のカードのSuitが等しいかを判別すればよいでしょうか？「等しい」？Swiftで「等しい」といえば**Equatable**プロトコルですね！

　ではSuitにEquatableプロトコルを準拠させるかというと、そんな必要はありません。Suitはenumで宣言されています。Swiftは同じenumであれば、case同士を等価判定できるので……。

```swift
// Card.swift
import Foundation

struct Card {
    // ......
    // ...
    // 省略

    func hasSameSuit(_ card: Card) -> Bool {
        return suit == card.suit
    }
}
```

　イコールオペレータでSuitが等しいかを判別できました！テストももちろんオールグリーン！型やキーワードに慣れていれば、よりシンプルに解決できます。

　最後に、テストに使っていた変数を整理してリファクタリングとしましょう。

```swift
func testHasSameSuit() {
    var card1: Card
    var card2: Card

    card1 = Card(rank: .ace, suit: .heart)
    card2 = Card(rank: .two, suit: .heart)
    XCTAssertTrue(card1.hasSameSuit(card2))

    card1 = Card(rank: .ace, suit: .spade)
    card2 = Card(rank: .two, suit: .heart)
    XCTAssertFalse(card1.hasSameSuit(card2))
```

```
}
```

　TODO リストの更新もお忘れなく。うんうん、細かい歩幅で実装できて、安心感と論理的な道筋で進んでいる感じがします。

```
- [ ] 2枚のカードが同じカードかどうかを判別する
  - [x] 2枚のカードが同じSuitを持つか判別する
  - [ ] 2枚のカードが同じRankを持つか判別する
```

2.8.2　Rankの比較

　次はSuitと同じ要領で「2枚のカードが同じRankを持つか判別する」に取り掛かりましょう。未実装でレッドになるテストを書いていきますが、似た実装の2回目なので、みなさんは自信を持っています。自信があるので、Rankの比較は明白な実装を用いて、最初から一般化していきましょう。

```swift
func testHasSameRank() {
    var card1: Card
    var card2: Card

    card1 = Card(rank: .two, suit: .spade)
    card2 = Card(rank: .two, suit: .heart)
    XCTAssertTrue(card1.hasSameRank(card2))
}
```

　最初からテストを整理する指針で書きました。よいですね、頭の中にある経験がコードに落とし込めています。次にテストをグリーンにしていきます。

```swift
// Card.swift
import Foundation

struct Card {
    // ......
    // ...
    // 省略

    func hasSameSuit(_ card: Card) -> Bool {
        return suit == card.suit
    }
}
```

```
    func hasSameRank(_ card: Card) -> Bool {
        return rank == card.rank
    }
}
```

　テストがグリーンになりました。テストケースひとつでは、実装が一般化されていることを保証できないので、Suit同様に、2枚のカードが異なるRankを持っているケースを追加します。

```
func testHasSameRank() {
    var card1: Card
    var card2: Card

    card1 = Card(rank: .two, suit: .spade)
    card2 = Card(rank: .two, suit: .heart)
    XCTAssertTrue(card1.hasSameRank(card2))

    card1 = Card(rank: .ace, suit: .spade)
    card2 = Card(rank: .two, suit: .heart)
    XCTAssertFalse(card1.hasSameRank(card2))
}
```

　RankはSuitで行っていた実装にならって、さらに早く書き進めることができました。「2枚のカードが同じRankを持つか判別する」のTODOをチェックしましょう。

```
- [ ]  2枚のカードが同じカードかどうかを判別する
  - [x]  2枚のカードが同じSuitを持つか判別する
  - [x]  2枚のカードが同じRankを持つか判別する
```

2.8.3　CardにEquatableを準拠させる

　この節で取り扱う演習問題も、残すところ「2枚のカードが同じカードかどうかを判別する」のみとなりました。

　失敗するテストを書いていきましょう。2枚のカードが等価であることを判別したいので、同じSuitとRankをもった2つのcardをアサーションにかければよさそうです。

```
func testCardEqual() {
    var card1: Card
    var card2: Card

    card1 = Card(rank: .jack, suit: .club)
```

```swift
    card2 = Card(rank: .jack, suit: .club)
    XCTAssertEqual(card1, card2)
}
```

　CardがEquatableに準拠した型ではないので、XCTAssertEqualの引数には代入できず、エラーが出るはずです。プロダクトコードを書き換えていきます。2つのcardがそれぞれ左辺(lhs)と右辺(rhs)に代入されるので、rankとsuitを比較した結果を返却しましょう。

　ちょうど直前にhasSameRank()とhasSameSuit()を実装したところなので、活用していきます。これによって実装を共通化できるので、もしもRankとSuitの等価判定の条件が変わったとしても、Cardの等価判定は書き換えなくて済みます。すばらしい！

```swift
// Card.swift
import Foundation

struct Card: Equatable {
    // ......
    // ...
    // 省略

    static func ==(lhs: Card, rhs: Card) -> Bool {
        return lhs.hasSameRank(rhs) && lhs.hasSameSuit(rhs)
    }
}
```

　テストを実行してグリーンになったら、不足しているテストを補いましょう。等価である場合の判定結果をテストしたので、逆に等価でない場合の判定結果もテストします。

```swift
func testCardEqual() {
    var card1: Card
    var card2: Card

    card1 = Card(rank: .jack, suit: .club)
    card2 = Card(rank: .jack, suit: .club)
    XCTAssertEqual(card1, card2)

    card1 = Card(rank: .queen, suit: .diamond)
    card2 = Card(rank: .jack, suit: .club)
    XCTAssertNotEqual(card1, card2)
}
```

　これで十分にテストが書けました！テストファンクション内もhasSameRank()などと同じ

ように整っているしカンペキ！

　……ではありません！残念！今回の機能のテストケースは、実は次の4通りの組み合わせが考えられます。

1．rankとsuitが同じ
2．rankとsuitが異なる
3．rankが同じで、suitが異なる
4．rankが異なり、suitが同じ

もし今のままのテストケースだと、「rankとsuitがそれぞれ同じ場合はtrue」「rankとsuitがそれぞれ異なる場合はfalse」が返却されることしか証明できていません。カードはrankとsuitのどちらかでも違えば、異なるカードなので、3と4についても確認する必要があります。テストを書いていきましょう。

```swift
func testCardEqual() {
    var card1: Card
    var card2: Card

    card1 = Card(rank: .jack, suit: .club)
    card2 = Card(rank: .jack, suit: .club)
    XCTAssertEqual(card1, card2)

    card1 = Card(rank: .queen, suit: .diamond)
    card2 = Card(rank: .jack, suit: .club)
    XCTAssertNotEqual(card1, card2)

    card1 = Card(rank: .jack, suit: .diamond)
    card2 = Card(rank: .jack, suit: .club)
    XCTAssertNotEqual(card1, card2)

    card1 = Card(rank: .queen, suit: .club)
    card2 = Card(rank: .jack, suit: .club)
    XCTAssertNotEqual(card1, card2)
}
```

　この追記によって、テストがより明確に意図を語るようになり、テストケースの考慮漏れについてもカバーできました。

　これで要件は満たせてテストがグリーンになったので、リファクタリングをしていきます。テストコードを見ると、cardの再代入が冗長に見えます。また、今回のテストの場合は2枚のカードをそのまま比較できるので、Cardの初期化処理をインライン化してしまってもよいかもしれません。

第2章　書いておぼえるTDD　39

```swift
func testCardEqual() {
    XCTAssertEqual(
        Card(rank: .jack, suit: .club),
        Card(rank: .jack, suit: .club)
    )
    XCTAssertNotEqual(
        Card(rank: .queen, suit: .diamond),
        Card(rank: .jack, suit: .club)
    )
    XCTAssertNotEqual(
        Card(rank: .jack, suit: .diamond),
        Card(rank: .jack, suit: .club)
    )
    XCTAssertNotEqual(
        Card(rank: .queen, suit: .club),
        Card(rank: .jack, suit: .club)
    )
}
```

cardの変数がごっそり削れてだいぶ読みやすくなりました！これはきっと良いリファクタリングだ！

リファクタリングもできたので、TODOリストに自信満々にチェックを入れましょう。カチャカチャ、ッターン！っとね。

- [x] 2枚のカードが同じカードかどうかを判別する
  - [x] 2枚のカードが同じSuitを持つか判別する
  - [x] 2枚のカードが同じRankを持つか判別する

2.8.4　この節のまとめ

この節で学んだことを振り返りましょう。

・仮実装、三角測量、明白な実装、それにレッド/グリーン/リファクタリングを繰り返して手に馴染ませた

・Swiftの言語機能を活かして必要最小限の効果的な書き方をした

・隠されたテストケースをカバーすることで、そのテストの意図を明確にした

・Cardの生成をインライン化して、テストファンクションをシンプルにした

段々とTDDにも慣れてきたのではないでしょうか？自信のある箇所では明白な実装でサクサク実装する。一歩ずつ確認しながら進みたい場合は仮実装。これからの実装の道筋が見えていない場合は、三角測量で一般化の方法を探る。もちろん失敗から始まるテストを書いて、そこ

から要件を満たすコードを書いたら、きれいな状態のコードに整形する。馴染む感覚があれば、筆者としてはしめしめという感じです。TDD沼へようこそ。

本節の終了時点のコードは次のようになっています。

```swift
// TDDPokerBySwiftTests.swift
import XCTest
@testable import TDDPokerBySwift

class TDDPokerBySwiftTests: XCTestCase {
    func testCardNotation() {
        var card: Card

        card = Card(rank: .three, suit: .heart)
        XCTAssertEqual(card.notation, "3♥")

        card = Card(rank: .jack, suit: .spade)
        XCTAssertEqual(card.notation, "J♠")
    }

    func testHasSameSuit() {
        var card1: Card
        var card2: Card

        card1 = Card(rank: .ace, suit: .heart)
        card2 = Card(rank: .two, suit: .heart)
        XCTAssertTrue(card1.hasSameSuit(card2))

        card1 = Card(rank: .ace, suit: .spade)
        card2 = Card(rank: .two, suit: .heart)
        XCTAssertFalse(card1.hasSameSuit(card2))
    }

    func testHasSameRank() {
        var card1: Card
        var card2: Card

        card1 = Card(rank: .two, suit: .spade)
        card2 = Card(rank: .two, suit: .heart)
        XCTAssertTrue(card1.hasSameRank(card2))

        card1 = Card(rank: .ace, suit: .spade)
        card2 = Card(rank: .two, suit: .heart)
```

第2章　書いておぼえるTDD　41

```swift
        XCTAssertFalse(card1.hasSameRank(card2))
    }

    func testCardEqual() {
        XCTAssertEqual(
            Card(rank: .jack, suit: .club),
            Card(rank: .jack, suit: .club)
        )
        XCTAssertNotEqual(
            Card(rank: .queen, suit: .diamond),
            Card(rank: .jack, suit: .club)
        )
        XCTAssertNotEqual(
            Card(rank: .jack, suit: .diamond),
            Card(rank: .jack, suit: .club)
        )
        XCTAssertNotEqual(
            Card(rank: .queen, suit: .club),
            Card(rank: .jack, suit: .club)
        )
    }
}
// Card.swift
import Foundation

struct Card: Equatable {
    enum Rank: String {
        case ace   = "A"
        case two   = "2"
        case three = "3"
        case four  = "4"
        case five  = "5"
        case six   = "6"
        case seven = "7"
        case eight = "8"
        case nine  = "9"
        case ten   = "10"
        case jack  = "J"
        case queen = "Q"
        case king  = "K"
    }
```

```swift
enum Suit: String {
    case spade   = "♠"
    case heart   = "♥"
    case club    = "♣"
    case diamond = "♦"
}

let rank: Rank
let suit: Suit

var notation: String {
    return rank.rawValue + suit.rawValue
}

func hasSameSuit(_ card: Card) -> Bool {
    return suit == card.suit
}

func hasSameRank(_ card: Card) -> Bool {
    return rank == card.rank
}

static func ==(lhs: Card, rhs: Card) -> Bool {
    return lhs.hasSameRank(rhs) && lhs.hasSameSuit(rhs)
}
}
```

2.9　ツーカードポーカーの役を判定（ペア、フラッシュ、ハイカード）

　さあさあ、ようやくポーカーらしい話が出てきました！ここからはよりロジックが入ってきて面白くなりますよ！

　ツーカードポーカーとは、1デッキのトランプのうち、任意の2枚から構成される手札を使ったポーカーのことです。以下が設問になります。

　ツーカードポーカーの任意の 手札（cards）について、その 役（hand）を判定してください。ツーカードポーカーには次の役があります。

・ペア（pair）

　―2枚のカードが同じランクを持つ

・フラッシュ（flush）

―2枚のカードが同じスートを持つ

・ハイカード (high card)

　　　―2枚のカードが異なるランク/スートを持つ

　これを毎度のごとく、TODOリストに書き起こしてみましょう。こんな感じでいかがでしょうか。

```
- [ ] ツーカードポーカーの役を判定する
  - [ ] ペアを判定する
  - [ ] フラッシュを判定する
  - [ ] ハイカードを判定する
```

2.9.1　ペアを判定する

　まずは「ペアを判定する」から取り掛かりましょう。設問を読むと、役の判定はHandの役割なので、Handにペアを判定する機能を実装すれば良さそうです。また、Handはカードの集合から成るので、cardsを保持する作りになりそうだというのも読みとれます。いったんこんなテストでいかがでしょうか。

```swift
func testIsPair() {
    let card1 = Card(rank: .king, suit: .spade)
    let card2 = Card(rank: .king, suit: .heart)
    let hand = Hand(cards: [card1, card2])
    XCTAssertTrue(hand.isPair)
}
```

　もちろん、Handは未定義なのでエラーが出ます。レッドです。実装はHandを定義するところから始めましょう。初めて取り扱う型なので、仮実装で慎重に書き進めていきます。isPairをComputed Propertyとしたのは、Cardのnotationと同じ理由で、他に保持しているcardsを使って結果を返すことになるからです。

```swift
// Hand.swift
import Foundation

struct Hand {
    let cards: [Card]

    var isPair: Bool {
        return true
    }
```

44 │ 第2章　書いておぼえるTDD

```
}
```

　仮実装でいったん、必ずtrueを返すように書きました。テストはグリーンになります。仮
実装を終えて、一般化を行うためにテストケースを増やしましょう。異なるrankを与えたと
きは、ペアでない結果を期待しますが、今は固定値をベタで返しているのでテストは成功しま
せん。

```
func testIsPair() {
    let card1 = Card(rank: .king, suit: .spade)
    let card2 = Card(rank: .king, suit: .heart)
    let hand1 = Hand(cards: [card1, card2])
    XCTAssertTrue(hand1.isPair)

    let card3 = Card(rank: .queen, suit: .spade)
    let card4 = Card(rank: .king, suit: .heart)
    let hand2 = Hand(cards: [card3, card4])
    XCTAssertFalse(hand2.isPair)
}
```

　isPairの一般化ですが、うーん……、どうにも配列からきれいにカードを取り出して比較
する方法が思い浮かばない。ひとまずすぐに思いつく手段として、subscriptでカードを取得
して、そのカードのrankを比較してみましょう。

```
import Foundation

struct Hand {
    let cards: [Card]

    var isPair: Bool {
        return cards[0].rank == cards[1].rank
    }
}
```

　テストを実行するとどうでしょう？うん、成功しました。グリーンです。
　この書き方はあまり良い書き方ではありません。もしcardsの枚数が2枚より少なければ、
配列の範囲外へのアクセスでプログラムが落ちてしまいます。関連してもうひとつ、気になるこ
とを見つけました。Handの枚数が0枚で初期化された場合、それはHandとしての役割をまっ
とうできない、成り立たないという問題です。
　この2つの気がかりに対して、「今はツーカードポーカーという前提のもとでプログラミング
を進めている」という免罪符で乗り切ることにします。ここで見つかった気がかりはそのまま

第2章　書いておぼえるTDD　　45

にせず、TODOリストに記載しておきます。

```
- [ ] ツーカードポーカーの役を判定する
  - [ ] ペアを判定する
  - [ ] フラッシュを判定する
  - [ ] ハイカードを判定する
- [ ] isPairのcardsへのアクセスの仕方が、範囲外を引き当てる可能性がある
- [ ] Handが0枚のカードで初期化された場合の扱い
```

リファクタリングとして、例のごとくいつものやり方でテストコードを直していきます。

```swift
func testIsPair() {
    var card1: Card
    var card2: Card
    var hand: Hand

    card1 = Card(rank: .king, suit: .spade)
    card2 = Card(rank: .king, suit: .heart)
    hand = Hand(cards: [card1, card2])
    XCTAssertTrue(hand.isPair)

    card1 = Card(rank: .queen, suit: .spade)
    card2 = Card(rank: .king, suit: .heart)
    hand = Hand(cards: [card1, card2])
    XCTAssertFalse(hand.isPair)
}
```

プロダクトコードは免罪符で乗り切ることを決意したので、特に直しは入れずにこのままで突き進みます。大丈夫、TODOリストに記載したので忘れてしまっても構いません。むしろ目先の作業に集中するために忘れてください。

TODOリストを更新しましょう。

```
- [ ] ツーカードポーカーの役を判定する
  - [x] ペアを判定する
  - [ ] フラッシュを判定する
  - [ ] ハイカードを判定する
- [ ] isPairのcardsへのアクセスの仕方が、範囲外を引き当てる可能性がある
- [ ] Handが0枚のカードで初期化された場合の扱い
```

2.9.2 フラッシュを判定する

　ペアの次はフラッシュを判定していきます。フラッシュは2枚のカードが同じSuitの組み合わせのときに成り立つ役でした。この直前に行ったペアの判定でRankの組み合わせを判定したので、それととてもよく似た作りです。意気揚々と明白な実装をしてみましょう。

```swift
func testIsFlush() {
    var card1: Card
    var card2: Card
    var hand: Hand

    card1 = Card(rank: .ace, suit: .heart)
    card2 = Card(rank: .queen, suit: .heart)
    hand = Hand(cards: [card1, card2])
    XCTAssertTrue(hand.isFlush)
}
```

　テストコードはこんな感じで。

```swift
import Foundation

struct Hand {
    let cards: [Card]

    var isPair: Bool {
        return cards[0].rank == cards[1].rank
    }

    var isFlush: Bool {
        return cards[0].suit == cards[1].suit
    }
}
```

　プロダクトコードはこんな感じ。テストを実行しましょう。グリーンになるでしょう、自信ありましたもん。

　と、調子に乗っていたところで、フラッシュでない場合のテストケースの追加を忘れていました。あまりにTDDのリズムが心地よかったものですから、と言い訳しておきます。

```swift
func testIsFlush() {
    var card1: Card
    var card2: Card
    var hand: Hand
```

第2章　書いておぼえるTDD　　47

```
    card1 = Card(rank: .ace, suit: .heart)
    card2 = Card(rank: .queen, suit: .heart)
    hand = Hand(cards: [card1, card2])
    XCTAssertTrue(hand.isFlush)

    card1 = Card(rank: .ace, suit: .spade)
    card2 = Card(rank: .queen, suit: .heart)
    hand = Hand(cards: [card1, card2])
    XCTAssertFalse(hand.isFlush)
}
```

　ペアの判定に続き、フラッシュの判定もできたので、TODOリストを更新します。ポーカーがだんだんとできあがってくる感じが楽しいですね！

```
- [ ] ツーカードポーカーの役を判定する
  - [x] ペアを判定する
  - [x] フラッシュを判定する
  - [ ] ハイカードを判定する
- [ ] isPairのcardsへのアクセスの仕方が、範囲外を引き当てる可能性がある
- [ ] Handが0枚のカードで初期化された場合の扱い
```

2.9.3　ここから先は宿題です！

```
＿人人人人人人人＿
＞　突然の宿題　＜
￣Y^Y^Y^Y^Y￣
```

　この節では「ハイカードの判定」、そして「ツーカードポーカーの役の判定」までが課題でしたが、本書での解説はここまでとさせていただきます。筆者の見立てでは今後の役の判定も、これまでに出てきたenumを利用した設計テクニックできれいなが実装できるでしょう。TDDに関する基本的なテクニックを学び、一歩ずつテストと共に歩んできた読者のみなさまなら大丈夫です！テストと共にある安心感を胸に、この先も歩を進めていってくだされば幸いです。

　この章の冒頭で紹介したサイトに演習問題の続きがありますので、参照してチャレンジしてみてください。続きの実装は筆者のGitHubリポジトリにも公開する予定です。もしなにかわからないことがあれば、お気軽に、Twitterで筆者（@ktanaka117）宛にメンションをください！

48　第2章　書いておぼえるTDD

2.9.4 この節のまとめ

この節で学んだことをまとめましょう。

・解決策の思いつかない気がかりはTODOリストに記載し、仕様を免罪符として先に進むこともある

・自信があって、明白な実装を行ったとしても気を抜かない

よりよい書き方はきっとあると思いつつ、どうにも思い浮かばないときはひとまず実装を進めるという判断でもよいのです。その先の実装を考えるうちに、よい設計が見つかり解決することがあるからです。コードを書くのは、難しい本を読み解くことと同じだと筆者は考えています。完璧に理解しながら読む必要はなく、先々で徐々に理解していけるものです。コードも同じです。

また、慣れてくるとたまに、手癖のように書き進めてしまうこともあります。気を引き締めましょう。（自戒）

本節の終了時点のコードは次のようになっています。

```swift
// TDDPokerBySwiftTests.swift
import XCTest
@testable import TDDPokerBySwift

class TDDPokerBySwiftTests: XCTestCase {
    func testCardNotation() {
        var card: Card

        card = Card(rank: .three, suit: .heart)
        XCTAssertEqual(card.notation, "3♥")

        card = Card(rank: .jack, suit: .spade)
        XCTAssertEqual(card.notation, "J♠")
    }

    func testHasSameSuit() {
        var card1: Card
        var card2: Card

        card1 = Card(rank: .ace, suit: .heart)
        card2 = Card(rank: .two, suit: .heart)
        XCTAssertTrue(card1.hasSameSuit(card2))

        card1 = Card(rank: .ace, suit: .spade)
        card2 = Card(rank: .two, suit: .heart)
        XCTAssertFalse(card1.hasSameSuit(card2))
```

```swift
}

func testHasSameRank() {
    var card1: Card
    var card2: Card

    card1 = Card(rank: .two, suit: .spade)
    card2 = Card(rank: .two, suit: .heart)
    XCTAssertTrue(card1.hasSameRank(card2))

    card1 = Card(rank: .ace, suit: .spade)
    card2 = Card(rank: .two, suit: .heart)
    XCTAssertFalse(card1.hasSameRank(card2))
}

func testCardEqual() {
    XCTAssertEqual(
        Card(rank: .jack, suit: .club),
        Card(rank: .jack, suit: .club)
    )
    XCTAssertNotEqual(
        Card(rank: .queen, suit: .diamond),
        Card(rank: .jack, suit: .club)
    )
    XCTAssertNotEqual(
        Card(rank: .jack, suit: .diamond),
        Card(rank: .jack, suit: .club)
    )
    XCTAssertNotEqual(
        Card(rank: .queen, suit: .club),
        Card(rank: .jack, suit: .club)
    )
}

func testIsPair() {
    var card1: Card
    var card2: Card
    var hand: Hand

    card1 = Card(rank: .king, suit: .spade)
    card2 = Card(rank: .king, suit: .heart)
    hand = Hand(cards: [card1, card2])
```

```swift
        XCTAssertTrue(hand.isPair)

        card1 = Card(rank: .queen, suit: .spade)
        card2 = Card(rank: .king, suit: .heart)
        hand = Hand(cards: [card1, card2])
        XCTAssertFalse(hand.isPair)
    }

    func testIsFlush() {
        var card1: Card
        var card2: Card
        var hand: Hand

        card1 = Card(rank: .ace, suit: .heart)
        card2 = Card(rank: .queen, suit: .heart)
        hand = Hand(cards: [card1, card2])
        XCTAssertTrue(hand.isFlush)

        card1 = Card(rank: .ace, suit: .spade)
        card2 = Card(rank: .queen, suit: .heart)
        hand = Hand(cards: [card1, card2])
        XCTAssertFalse(hand.isFlush)
    }
}
// Hand.swift
import Foundation

struct Hand {
    let cards: [Card]

    var isPair: Bool {
        return cards[0].rank == cards[1].rank
    }

    var isFlush: Bool {
        return cards[0].suit == cards[1].suit
    }
}
// Card.Swift
import Foundation

struct Card: Equatable {
```

```swift
enum Rank: String {
    case ace   = "A"
    case two   = "2"
    case three = "3"
    case four  = "4"
    case five  = "5"
    case six   = "6"
    case seven = "7"
    case eight = "8"
    case nine  = "9"
    case ten   = "10"
    case jack  = "J"
    case queen = "Q"
    case king  = "K"
}

enum Suit: String {
    case spade   = "♠"
    case heart   = "♥"
    case club    = "♣"
    case diamond = "♦"
}

let rank: Rank
let suit: Suit

var notation: String {
    return rank.rawValue + suit.rawValue
}

func hasSameSuit(_ card: Card) -> Bool {
    return suit == card.suit
}

func hasSameRank(_ card: Card) -> Bool {
    return rank == card.rank
}

static func ==(lhs: Card, rhs: Card) -> Bool {
    return lhs.hasSameRank(rhs) && lhs.hasSameSuit(rhs)
}
}
```

2.10　この章のまとめ

- レッド/グリーン/リファクタリングはTDDの黄金の3ステップ
- TDDでは仮実装、三角測量、明白な実装の3つのテクニックを使い分けて開発を進める
- TDDにはプログラマの不安をコントロールするテクニックが詰まっている
- 静的型付き言語であるSwiftでは、型を活かした設計によって考慮しなければいけないテストケースを減らし、安全なプログラミングを行える

　もしこの4つを実感してもらえたなら、本書の目的は叶えられました。

　今回紹介した書き方が全てではありません。筆者もこの演習問題を3,4回ほどやっていますが、毎回実装方法が変わります。一例として捉えていただいて、また別な実装ができたときは、ぜひ見せ合いっこしましょう。筆者が喜びます。

第3章 2018年現在のSwiftでのTDD開発

　これまでTDDについての概要やその手法について説明してきました。この章では、Swiftの主戦場であるiOSアプリ開発にも触れつつ、実際にSwiftでTDDを取り入れるとどうなのか、筆者が見た現実を紹介していきます。TDDは素晴らしいテクニックで筆者も大好きなのですが、2018年現在のSwiftでTDDを実践していくにはさまざまな課題があるのは事実です。どんな課題があり、筆者がそれらとどう付き合っているのかについて紹介していきます。

3.1　ビルドが遅い問題

　「第1章 TDDとは」でも軽く触れましたが、ビルド時間がテストファーストの負荷を上げるという問題があります。レッド/グリーン/リファクタリングのリズムを心地よく刻むためには、テストの実行が手軽でなければいけません。Swiftは静的型付き言語なので、プログラムの実行には事前にコンパイルが必要になります。型による恩恵が得られる反面、テンポよくリズムが刻めないデメリットがあります。これについて、ひとつの解決策と、ひとつのアイデアを紹介します。

3.1.1　解決策

札束で殴る。

> 噂の「iMac Pro」導入でiOSアプリのビルドが2.5倍速に！生産性を何より重視するFOLIOの、設備投資への強いこだわり | 株式会社FOLIO
> https://www.wantedly.com/companies/folio/post_articles/109495

3.1.2　テストファーストを割り切って突き進むアイデア

　仮実装と明白な実装を行き来するように、テストファーストでやるところとやらないところを行き来してもよい、と筆者は考えています。大切なのは「テストによって駆動する」ことで、テストを足場に改善を行うところにあります。テストファーストでなくとも、実装後にすぐテストを書いて、リファクタリングのステップを踏むことで近い効果が得られます。

　ビルドにかかるコストが高いので、むやみやたらにテストを書かないことも重要です。自信のある部分に対してはテストを省いたりもします。「第2章 書いておぼえるTDD」でも取り扱いましたが、型に乗っかる知識を身につけることもよいテストを書くために大切なことで、Swiftによる表現の引き出しを多く持つことは重要なスキルになってきます。

複数人で開発している場合には、どこにテストを書いていくかの合意を形成することも重要です。「こういうところの実装は不安があるから、テストで担保していこう」「ここはシンプルな部分で、不安も多くないのでテストを省こう」といった風に、都度チームメンバーと相談して設計を進められれば、きっと実益が得られて、かつ楽しいプログラミングにもなるはずです。

3.2　モック自動生成ツールが不足している問題

これまでSwift/iOS界隈でテストが盛んではなかったのは、モック生成の敷居が高かったことも要因のひとつだと考えています。自作モックは費用対効果が見合わず、OSSライブラリもSwiftのバージョンアップについて来ることができていませんでした。

```
Swift における Mock ライブラリの活用/swift-mock-library // Speaker Deck
https://speakerdeck.com/yusukehosonuma/swift-mock-library
```

ただし、最近になってようやくSwiftの破壊的変更も少なくなり、使えそうなモックライブラリが出来つつあるようなので、そのひとつを簡単に紹介します。

3.2.1　Brightify/Cuckooを使ってみた

今回紹介するのは、JavaのMockitoにインスパイアされた**Cuckoo**というモックライブラリです。発音は「クークー」です。バージョン 0.11.3 を対象に紹介します。

```
Brightify/Cuckoo: Boilerplate-free mocking framework for Swift!
https://github.com/Brightify/Cuckoo
```

書き方の詳細はCuckooのリポジトリを参照してください。

Cuckooのメリット

- ・モックを自作しなくてよい
- ・使い方がなじみやすい

Cuckooのデメリット

- ・モック化するファイルの指定が少し面倒くさい
- ・ジェネリクス非対応
- ・コードジェネレートをBuild Phaseに差し込むので、ビルド時間が若干伸びる
- ・執筆時点でまだv1.0以上ではない

Cuckooの使いどころ

RxSwiftを使っていないプロジェクトで採用するといいでしょう。執筆時点のバージョンでジェネリクスへの対応が完了していないため、RxSwiftを用いたジェネリクス祭りな開発には

適していません。CuckooのREADME.mdによると、将来的にジェネリクスへの対応も視野に入っているようなので、気長に待ちましょう。

ともあれ、使ってみた感想からするとジェネリクスを多用していないプロジェクトでは十分に活躍してくれるツールだと実感しました。機会があれば、ぜひ使ってみてください。

3.2.2　モックが簡単に自動生成されることの功罪

モックの自動生成ツールにはメリットもありますが、デメリットもあります。メリットはテストを簡単に書けることで、デメリットは設計を見直すための感度が下がることです。それぞれ具体的に説明していきます。

まず、自動生成ツールがテストを容易にしてくれるのは事実です。本来我々がやりたいことは、テストによって振る舞いが期待した通りに実装されているかを担保したい点であって、モックを実装することではありません。筆者もモックを自前で実装してその実装に時間を取られるたび、「これはやりたかったことの本質ではない」とよく思います。その反面、「モックを書くのが面倒で、それが無いとテストしづらいということは良くない設計の可能性がある」という点に気づきにくくなる問題もあります。

わかりやすい例として、DIでテスト対象に渡さなければならない依存オブジェクト（コラボレーター）が多く存在する場合が挙げられます。自動生成ツールでモックを生成する方法は依存オブジェクトを作るのが難しくないので、自分でモックを実装する方法と比べて段違いにテストを書きやすくなります。しかしモックを生成するハードルを下げてしまうと、設計を見直すための"センサー"の感度が下がります。依存オブジェクトが多いということは、入力と出力のパターンが多くなることにつながり、それは単一責任の法則から離れることを意味します。「テストが書きづらい」ということはすなわち、設計を見直すセンサーの感度をあげることにつながり、よりよい設計を追求するモチベーションにつながると筆者は考えます。

こんな書き方をしてきましたが、自動生成ツールを使用することに対して批判的なわけではありません。テストの書きやすさ/書きづらさのハードルの高さ設定は、チームの優先順位やメンバーのスキルレベルなどを元に、現場に合ったやり方を選ぶべきだということです。

具体的な例を挙げると、次のような判断が考えられます。

・チームのスキルを上げることを重視し、設計を見直すセンサーを成長させるために、自動
　生成ツールを使わないという判断
・メンバーのテスト書きや設計に対する習熟度が十分で、スピードを落とさず自信を持って
　開発ができるので、自動生成ツールを使わないという判断
・スタートアップのようにスピードがなによりも価値のある開発で、その上でもなおクリティ
　カルな部分にはテストを通しておきたい場合に、高機能な自動生成ツールを導入するとい
　う判断

この種の問題に"銀の弾丸"は存在しませんが、現場の状況に応じて合ったやり方を選択していくことがベストプラクティスにつながります。

3.3 他のIDEにできることがXcodeにできない問題

XcodeでTDDをしていて特に気になるのが、補完系の機能が不足している点です。TDDはテストファーストで始めるため、まだ存在しない実装のインターフェースをテストコードから書き始めます。そこで、このインターフェースを元に関数の宣言やクラスの宣言をIDE側が補完してくれる機能があるととても捗るのですが、現在のXcode（9.4）には該当する機能がありません。Xcode以外の他のプログラミング言語で使うようなIDE（JetBrains社製のIDEなど）では、この機能が使えたりします。

3.3.1 AppCodeを使ってみよう

ということで、JetBrains社製のSwiftが書けるIDEである**AppCode**を使ってみたので紹介します。AppCodeは有料のIDEですが、最初の30日はフリートライアルがあるので気軽に試せます。

```
AppCode: Smart Swift/Obj-C IDE for iOS & macOS Development
https://www.jetbrains.com/objc/
```

本書では次の項目を紹介します。ぜひ試して、その便利さを体感してみてください。
・プロジェクトの作成
・実装の補完
・プロトコルの補完
・テストの実行

プロジェクトの作成
プロジェクト作成は見慣れたアイコンが並んでいたり、Xcodeと同じような流れで作業を行うことができます。

図3.1: テンプレート選択画面

図3.2: プロジェクト情報入力画面

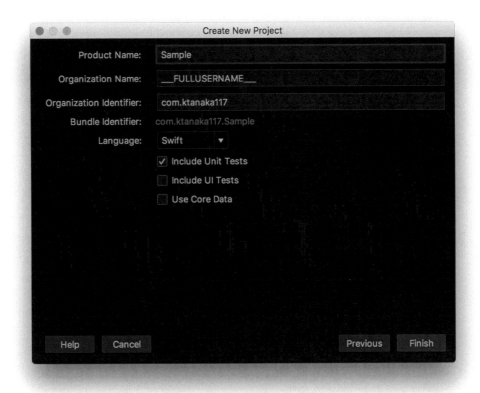

図3.3: 新規作成したプロジェクトのウィンドウ

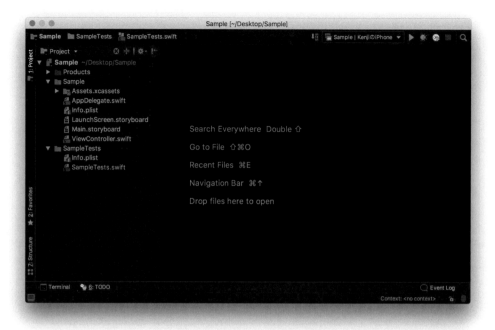

実装の補完

紹介のために test_initializeCard() を実装してみます。こんなテストと Card のインターフェースを作ったとして、

```
import XCTest
@testable import Sample

class SampleTests: XCTestCase {
    func test_initializeCard() {
        let card = Card(suit: .heart)
        XCTAssertEqual(card.suit, .heart)
    }
}
```

Card にカーソルを当ててショートカット Option + Enter を押すと次のようにコードを生成するオプションを表示してくれます。（図3.4）Create type 'Card' in a new file を選択すると、ファイルの生成先と、どんな宣言の仕方をするかを問われます。（図3.5）今回は Struct で、Target をテストターゲット（SampleTests）ではなく、メインターゲット（Sample）で生成します。

図3.4: 自動生成のショートカット

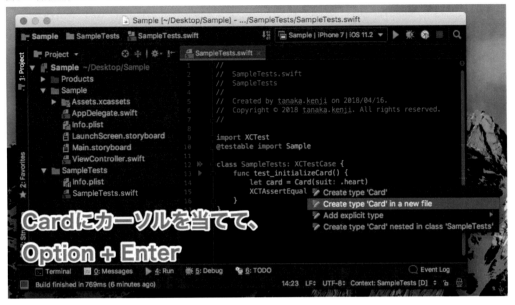

図3.5: 生成するものの情報入力

するとこんなコードが生成されるので、

```
import Foundation

struct Card {
    init(suit: Any) {
    }
}
```

次のように書き換えて、Suitに対して Option + Enter で補完機能を使います。

```
import Foundation

struct Card {
    let suit: Suit
}
```

今度は Create type 'Suit' nested in struct 'Card' を選択して、カードの中にネストさせて Suit を宣言させます。(図3.6)

図3.6: Suit を Card にネストさせる

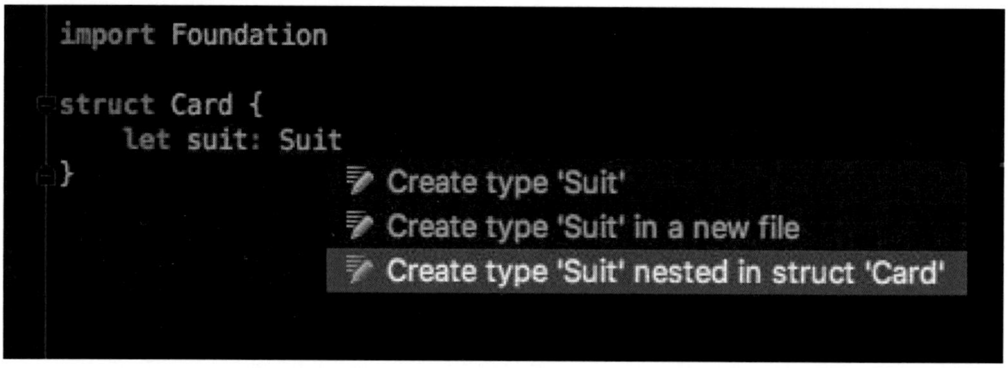

気が利くことに、ここまで選択肢で選ばせてくれるので、enum を選択します。(図3.7)

図3.7: enum を選ぶ

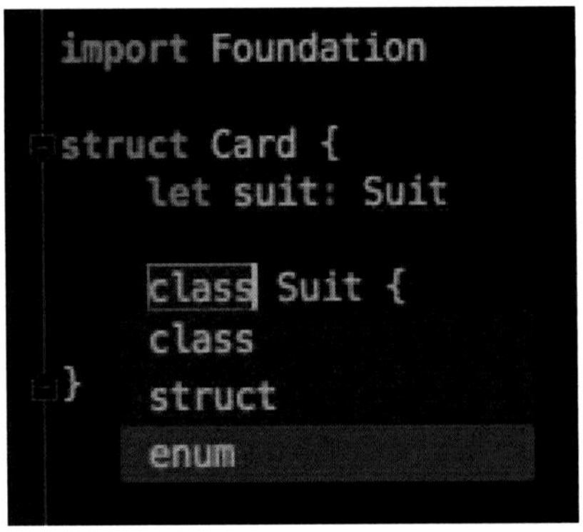

あとはここまでくれば、case heartを手入力で宣言すればOKです。

```
import Foundation

struct Card {
    let suit: Suit


    enum Suit {
        case heart
    }
}
```

プロトコルの補完

　準拠しているはずのプロトコルで、必須な実装を補完するショートカットを紹介します。

　次のように準拠しているはずのプロトコルで必須な実装を、まだ実装していない型があるとします。

```
protocol SomeProtocol {
    func doSomething()
}

struct SomeStruct: SomeProtocol {
    // Error!!!
    // type 'SomeStruct' does not conform to protocol
'SomeProtocol'
    // 'SomeStruct'はプロトコル 'SomeProtocol'に準拠していません
}
```

①SomeStructのスコープ内でCtrl＋Iを押すと、②補完対象の実装を選択するWindowが表示されるので、③対象を選択してOKを押すと④空の実装が補完されます。

図3.8: ①, ②, ③

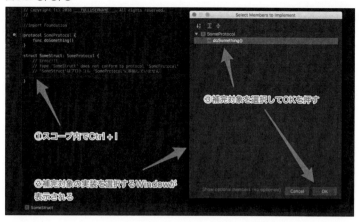

図3.9: ④

テストの実行

テストを実行するには、Xcode同様テストメソッドの左端をクリックします。（図3.10）ちなみに、前回実行したSchemeを実行してくれる Ctrl + R というショートカットも便利なので使ってみてください。

図3.10: テストの実行

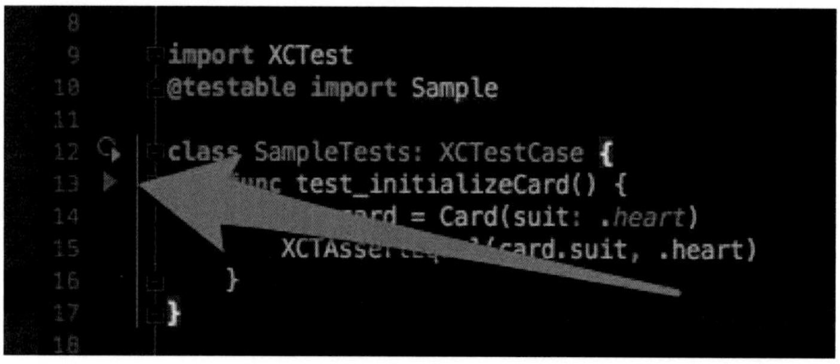

第4章　参考文献

　筆者はこれまで、「なんとなく知りたいことが載っていそう」「読んでおいたらあとあと役に立ちそう」という本の読み方、買い方をしていました。しかし本を読むときは知りたいことが確実に載っていて、今まさに必要なものから読んでいかないと心に染み渡らないことを最近になって理解しました。

　そんな経緯も踏まえつつ、本書を書くうえで参考にした書籍と、それにどんなことが書いているか、どんな良さがあったかをざっくりと紹介していきます。

4.1 『テスト駆動開発』

Kent Beck著、和田 卓人訳
オーム社刊
https://www.amazon.co.jp/dp/4274217884/

　テスト駆動開発についてもっとも基本的で重要なことが詰められている"聖書"です。一家に一冊。最近新訳版が発刊されて、筆者も新しい方から読んでいます。

　平易なJavaのコードで、実装しながらTDDについて解説があるのでとても読みやすく、理解しやすい本です。この聖書のスタイルにならって、本書も手を動かしながらコードと共にTDDを解説する内容にしました。

　訳者の和田（@t_wada）さんにより加筆された付録Cは、「TDDの歴史」や「とりまく誤解」に始まり、「エンジニアとしてより良くあるためのスタンス」について書かれたとても価値のある章になっているので、そこから読むのもオススメです。

4.2 『実践テスト駆動開発』

Steve Freeman、Nat Pryce著、和智 右桂、高木 正弘訳
翔泳社刊
https://www.amazon.co.jp/dp/4798124583/

　筆者が『テスト駆動開発』の次に読むべきだと考えるのが、この『実践テスト駆動開発』です。より具体的な例が載っており、さらに詳しくTDDについて解説されています。

　TDDをする際、理想とする設計がどういうものであるべきかの着想がなければよい設計を導くのは難しいです。この本ではそんな理想の形が多く紹介されていて参考になります。

4.3 『Test-Driven iOS Development with Swift 4』

```
Packt Publishing刊
Dr Dominik Hauser著
https://www.amazon.co.jp/dp/1788475704
```

　洋書ではありますが、数少ないSwiftでTDDを解説する本です。平易な英語で書かれており、章立ても「メリットはこれ」「デメリットはこれ」という書き方がされていて読みやすいです。コードも載っているので、より意味が汲み取りやすくなっています。

　本書の趣旨とは外れますが、Xcodeの使い方に関する解説も載っていて参考になりました。

謝辞

　本書を執筆するにあたって、お忙しい中にもかかわらず未熟な僕に付き合い、さまざまな知恵とアドバイスを授けてくれた@t_wadaさんにはとても頭が上がりません。TDDイベントなどでの数々の邂逅がなければ、この本はこうして形になっていません。執筆も日々の業務も、辛いことを乗り越えられたのは、尊敬する先達と毎日のように持ち歩いていた『テスト駆動開発』（Kent Beck著、和田 卓人訳／オーム社刊）のおかげです。とても勇気をもらいました。

　友人宅で行われたボードゲームの集まりに一緒に参加していた@kiko_twさん。呑みながら絵師探しをぼんやり考えていたところで、まさか目の前にいる人が絵描きだとは！自分の趣味全開で面倒臭い注文ばかりつけていましたが、ひよこさん（表紙の女の子）を形にして、表紙にしてくれてありがとう！百合紅、絶対遊びましょう。

　レビュワーが欲しいとTwitterでボヤいていたところに颯爽と現れて、シュっと直しを入れてくれた@7ganoさん。普段からブログで文章は書いていたので正直自信があったのですが、@7ganoさんの手にかかれば出るわ出るわ、微妙な表現、間違い、Typoの嵐！レビューしていただかなければ、こうもきれいな形では出せませんでした。

　@tobi462さんは良いアイデアをたくさんくれました。ペアプロに付き合っていただいたおかげで、SwiftでTDDをするときの勘所を摑めたし、AppCodeやCuckooを使ってみることはなかったはずです。つまり、少なく見積もっても第3章がごっそりなくなっていたということです……！一人ではとてもここまで本のネタを広げられなかったです、助かりました。

　最初に章立てのレビューを依頼したのが@tarappoさんで、そのお陰で最初のwarningに気付けました。見ていただいた章立てがガバガバすぎて、参考に見せていただいたサンプルのおかげで足りてなさを実感することができました。

　@d_dateさんの煽りが無ければ、ここまで「SwiftでTDD」という題材を深掘りできませんでした。手段の向き不向きはどんなことにもあって、どのレベルで手段を適用していくか、その微妙なラインを探るきっかけになりました。

　自分一人ではここまでとても到達できなかった。関わってくださったり、支えとなってくれた皆様、本当にありがとうございました。一人だったら絶対に途中で「コピー本でいっかな……」と心が折れたに違いないです。ありがとう。

著者紹介

田中 賢治 (たなか けんじ)

百合好きのダンボールの人。M県S市杜王町出身で、Swiftを使ってiOS開発をするかたわら、趣味でブログを書いています。最近のホットキーワードは設計・テスト・リファクタリング。

◎本書スタッフ
アートディレクター/装丁：岡田章志＋GY
表紙イラスト：安藤 喜子
編集協力：飯嶋玲子
デジタル編集：栗原 翔

技術の泉シリーズ・刊行によせて
技術者の知見のアウトプットである技術同人誌は、急速に認知度を高めています。インプレスR&Dは国内最大級の即売会「技術書典」（https://techbookfest.org/）で頒布された技術同人誌を底本とした商業書籍を2016年より刊行し、これらを中心とした『技術書典シリーズ』を展開してきました。2019年4月、より幅広い技術同人誌を対象とし、最新の知見を発信するために『技術の泉シリーズ』へリニューアルしました。今後は「技術書典」をはじめとした各種即売会や、勉強会・LT会などで頒布された技術同人誌を底本とした商業書籍を刊行し、技術同人誌の普及と発展に貢献することを目指します。エンジニアの"知の結晶"である技術同人誌の世界に、より多くの方が触れていただくきっかけになれば幸いです。

株式会社インプレスR&D
技術の泉シリーズ 編集長 山城 敬

●**お断り**
掲載したURLは2018年9月1日現在のものです。サイトの都合で変更されることがあります。また、電子版ではURLにハイパーリンクを設定していますが、端末やビューアー、リンク先のファイルタイプによっては表示されないことがあります。あらかじめご了承ください。
●**本書の内容についてのお問い合わせ先**
株式会社インプレスR&D メール窓口
np-info@impress.co.jp
件名に「『本書名』問い合わせ係」と明記してお送りください。
電話やFAX、郵便でのご質問にはお答えできません。返信までには、しばらくお時間をいただく場合があります。なお、本書の範囲を超えるご質問にはお答えしかねますので、あらかじめご了承ください。
また、本書の内容についてはNextPublishingオフィシャルWebサイトにて情報を公開しております。
https://nextpublishing.jp/

●落丁・乱丁本はお手数ですが、インプレスカスタマーセンターまでお送りください。送料弊社負担 てお取り替えさせていただきます。但し、古書店で購入されたものについてはお取り替えできません。
■読者の窓口
インプレスカスタマーセンター
〒101-0051
東京都千代田区神田神保町一丁目105番地
TEL 03-6837-5016／FAX 03-6837-5023
info@impress.co.jp
■書店／販売店のご注文窓口
株式会社インプレス受注センター
TEL 048-449-8040／FAX 048-449-8041

技術の泉シリーズ
Swiftで書いておぼえるTDD

2018年10月19日　初版発行Ver.1.0（PDF版）
2019年4月12日　Ver.1.1

著　者　田中 賢治
編集人　山城 敬
発行人　井芹 昌信
発　行　株式会社インプレスR&D
　　　　〒101-0051
　　　　東京都千代田区神田神保町一丁目105番地
　　　　https://nextpublishing.jp/
発　売　株式会社インプレス
　　　　〒101-0051　東京都千代田区神田神保町一丁目105番地

●本書は著作権法上の保護を受けています。本書の一部あるいは全部について株式会社インプレスR&Dから文書による許諾を得ずに、いかなる方法においても無断で複写、複製することは禁じられています。

©2018 Kenji Tanaka. All rights reserved.
印刷・製本　京葉流通倉庫株式会社
Printed in Japan
ISBN978-4-8443-9858-5

NextPublishing®

●本書はNextPublishingメソッドによって発行されています。
NextPublishingメソッドは株式会社インプレスR&Dが開発した、電子書籍と印刷書籍を同時発行できるデジタルファースト型の新出版方式です。https://nextpublishing.jp/